风电机组混凝土塔架工程技术

王淼　王震　祝亮　等 著

中国建筑工业出版社

图书在版编目（CIP）数据

风电机组混凝土塔架工程技术 / 王森等著. -- 北京 ：
中国建筑工业出版社，2024. 11. -- ISBN 978-7-112
-30571-1

Ⅰ. TM315

中国国家版本馆 CIP 数据核字第 20243853A9 号

为提高风力发电工程建设项目施工技术水平，确保行业风电混塔建设项目施工质量及安全运行，施工操作规范、合理，特撰写了《风电机组混凝土塔架工程技术》。本书内容包括：概述、风机发展历程和混凝土塔架技术适用性分析、风电项目混凝土塔架预制关键技术、风电项目混凝土塔架运输关键技术、风电项目混凝土塔架安装关键技术、结论等6部分。本书可作为风力发电工程建设项目混塔施工管理的工具书供参建各方使用。

本书在龙源（北京）新能源工程设计研究院有限公司工程管理部各位同事共同努力下完成著作。第1章由张思为、刘伊雯撰写，第2章由祝亮撰写，第3章由王震撰写，第4章由王森撰写，第5章由王震、刘玉撰写，第6章由谢永锋、侯松煜撰写。另外本书在撰写过程中，得到了云南龙源新能源有限公司田冰、王延成，安徽龙源新能源有限公司孙磊、史俊杰，辽宁龙源新能源发展有限公司王永超、侯飞，黑龙江龙源新能源发展有限公司李杨杨、邢思栋等同事的大力支持和帮助，提供了大量的施工资料及图片资料，在此一并向各位同仁表示衷心的感谢！

本书主要著作人：王森、王震、祝亮、刘伊雯、刘玉、谢永锋、张思为、侯松煜

责任编辑：王华月
责任校对：赵　菲

风电机组混凝土塔架工程技术
王森　王震　祝亮　等 著
*
中国建筑工业出版社出版、发行（北京海淀三里河路9号）
各地新华书店、建筑书店经销
北京光大印艺文化发展有限公司制版
建工社（河北）印刷有限公司印刷
*
开本：787毫米×1092毫米　1/16　印张：11¼　字数：211千字
2024年11月第一版　2024年11月第一次印刷
定价：**68.00**元
ISBN 978-7-112-30571-1
(43972)

前言

近年来，随着风电产业的快速发展，风电机组单机容量不断增加，轮毂高度和叶轮直径越来越大，由此产生一系列技术问题，如机组造价问题、塔架运输问题、塔架共振问题等。国内外经过不断研究，提出多种塔架形式，其中混凝土塔架（混塔）技术可以有效解决传统钢塔的技术难题。各位著者经过多年的混凝土塔架工程管理经验，结合国内混凝土塔架技术的发展情况，梳理国内现有标准规范的有关规定，根据在建项目、主流风电机组厂家及混凝土塔架制造厂的实地调研情况，采用图文并茂的形式，坚持与工程实际相结合，与施工现场反馈问题相结合的编写原则，针对混凝土塔架的制造、运输及安装全过程质量控制点进行分析研究，形成《风电机组混凝土塔架工程技术》，以供学习参考。

本书旨在帮助风电行业混凝土塔架施工人员更好地控制其施工质量，建造出质量合格、安全可靠的混塔风电项目。希望本书的出版可为我国风电项目混塔施工技术水平的提高起到有益推动作用。由于著者能力有限，且时间比较匆忙，如在使用中有任何疑问或者良好建议，欢迎批评指正。在此表示衷心的感谢！

全体著作人员

二〇二四年八月十八日

目录

第1章 概述

在全球范围内，2013年以来，全球风电累计装机容量快速增长，2022年达到902GW，九年来的年均复合增速达到12.30%。同时随着技术进步，2010年以来，全球风电场的建设成本整体呈现下降趋势，陆上风电总安装成本的平均值从2010年的2179美元/kW降低到2018年的1497美元/kW，再到2022年的1274美元/kW，2022年总装成本相比2010年下降42%。2010年度电成本为0.107美元/(kW·h)，2018年度电成本为0.06美元/(kW·h)，2022年度电成本为0.033美元/(kW·h)，2022年度电成本相比2010年下降69%，一直在持续下降。为了维持经济效益，在风电总安装成本和电价的持续走低的情况下，为了维持风电项目经济效益，要求风电行业加快对新技术的创新和应用，从而推动了混塔的产生和发展。

由于风电成本的降低，为保持经济效益，风电机组的单机装机容量持续增加：单机容量从几年前的千瓦级发展到如今的兆瓦级，目前陆上机组主流机组已经达到6～10MW、海上机组甚至达到20MW，随同发展的是叶轮直径和轮毂高度的增加（目前叶轮直径最大可达300m，轮毂最大高度突破185m）。所以单机容量越来越大，塔架高度越来越高，叶轮直径越来越大，已成为近年来风电行业一大趋势。在发电量提升越来越向精细化发展的背景下，增加风机塔架高度，被认为是低风速区提升发电量的一种直接有效手段。这样的调整不仅扩大了项目的规模和降低了单位度电成本，还能在相同的风资源条件下更高效地捕获风能；更高的轮毂高度使得在同一地点可以获得更高的风速。为了适应风电机组向更大容量发展的趋势，并确保机组在高空中运行的安全与经济性，混塔技术的出现满足了对于更高效风能开发的需求。

在混凝土塔架领域，欧美国家最早开始混塔技术的研究和应用。欧美等地区正积极开展混合塔筒技术的研究和应用。2002 年，Brughuis 首次提出混凝土-钢组合塔筒的概念，并从经济和可行性两方面对其进行了研究。混凝土塔架技术起源于欧美，并迅速在全球范围内发展应用。

根据国家“30 60”战略，陆上风电市场仍将保持快速的增长态势，行业内专业人员预计：整个“十四五”期间风电规划装机容量将会达到5.4亿kW以上，其中钢混塔架的市场占有量将会增加到4000万kW以上，如图1-1所示。

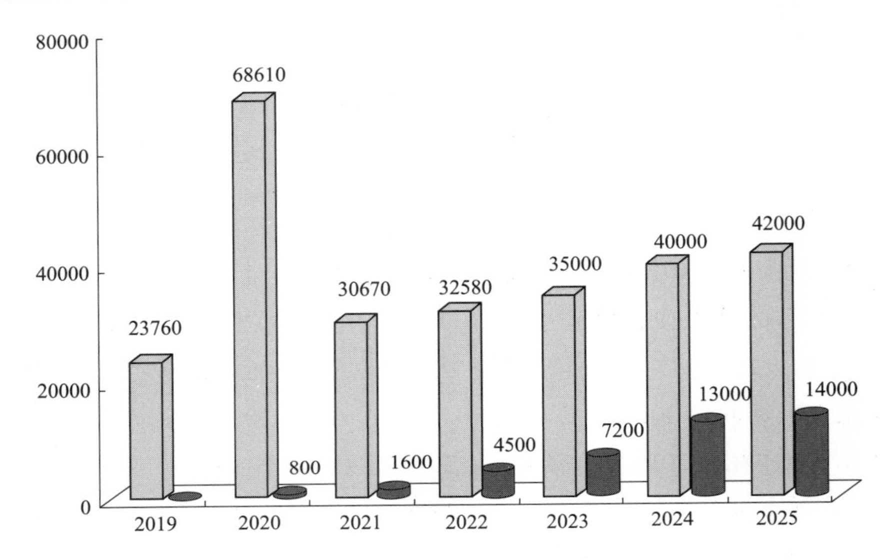

图1-1　陆上风电及钢混塔架新增市场总量情况预测图

□-陆上风电新增并网装机量（MW）；■-钢混塔筒对应新增装机量（MW）

2013 年，由金风科技完成了国内首台现浇式钢混塔架的样机安装，为 90m 钢-混凝土塔架形式，其中混凝土段为 15m 现浇混凝土，采用体内预应力的方式。这实现了我国混凝土塔架自主创新和“0”的突破，并系统掌握了钢混塔架结构校核、载荷分析方法，为我国钢混塔架产业推广提供技术支撑，但后期由于各种原因未得到普及。直至 2016 年，预制装配式体外预应力钢混塔架 100m 样机安装才得以实现，开始在山地、防洪、平原等地区应用推广。

随着我国风电行业的蓬勃发展，我们的风电技术已逐步成熟。通过引入国际先进技术的消化吸收并结合自身的创新，我们已在关键的风电技术领域掌握了核心技术。特别是在开发适应低风速和恶劣环境的风电机组方面，我们实现了重大技术突破，并且达到了国际领先水平。同时，在大容量风电机组的开发上我们也实现了与国际的同步。这些发展不仅保障了我国风电产业的持续快速增长，同时还促进了风电混塔技术的创新发展。

2020年开始，根据市场需要，风电机组单机容量逐步增大，由当时的5MW级别上升到如今的10MW级别，如图1-2、图1-3所示，风机轮毂高度由当时的100m上升到如今的180m左右，叶轮直径由当时的140m上升到如今的200m左右。单机容量越来越大，塔架高度越来越高，叶轮直径越来越大，已成为近年来风电行业一大趋势。

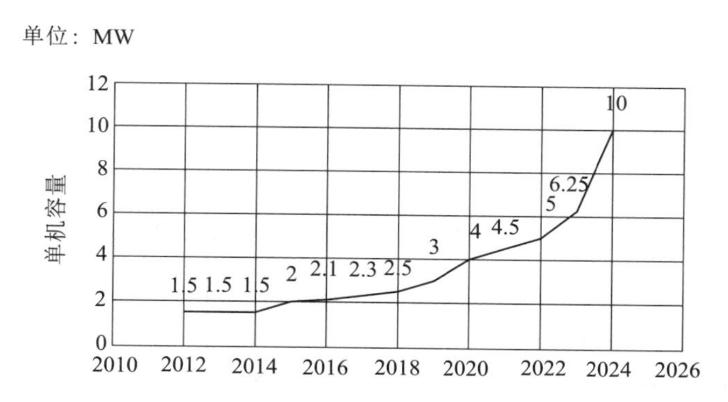

图1-2 近年陆上风机单机容量变化示意图

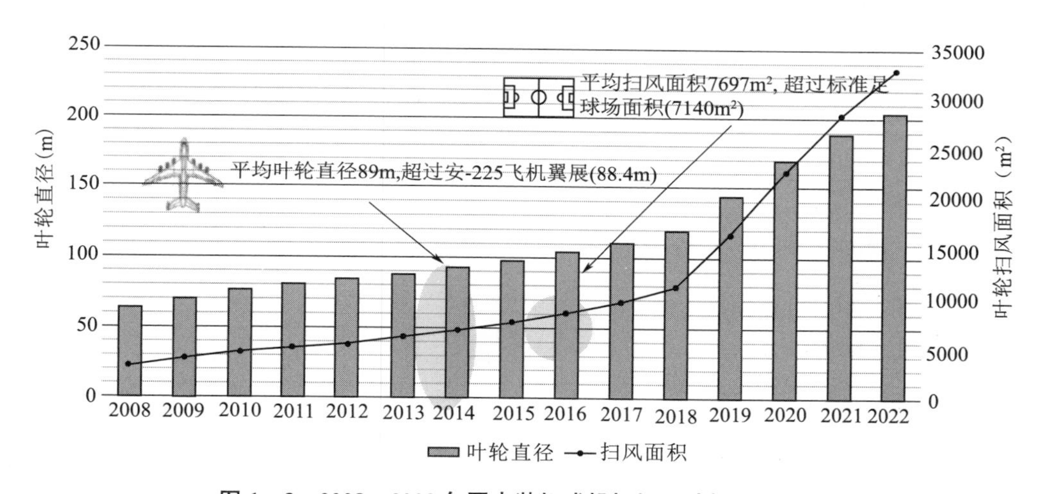

图1-3 2008—2022年国内装机或投标机组叶轮尺寸一览

通过对国内混塔及钢塔的对比发现，混塔的制造和运输成本更低，结构更安全，耐腐蚀能力和抗风振能力更强，发电量更高。

风电机组的塔架设计是风电场设计中重要的组成部分，其造价与安全关系着整个风电场的良好运行，设计出既安全可靠又经济合理的风机塔架对整个风电场工程具有重要意义。风电机组的塔架是结构中的重要组成部分，它承担着将上部结构所承受的全部载荷和作用安全可靠地传递到基础和地基，并保持结构整体稳定的作用。

随着风电技术日臻成熟，目前低风速段的资源逐步稳定开发，但是投资内部收益率较低。通过“抬高轮毂高度提升发电量”的方案经实践验证是可行的。既能提高发电量，又能降低风电场投资，还能保证风机安全运行的塔架方案是建设方的诉求，市场前景较好。轮毂的抬高，需要采取叶片和塔架尺寸更大的风力发电机组。目前应用最多的钢制筒形塔架结构造价太高、容易腐蚀、维修费用高变形较大等缺点，尤其是大尺寸钢管塔架构件受我国公路运输的限制，从而引出了新的塔架设计思路——“混凝土+钢”混合结构塔架。

现阶段，风电场塔架型式比较多，并且各有特点，如表 1－1 所示，其中“混凝土+钢”混合结构塔架相对于钢结构塔架具有取材容易、运输方便、造价低、刚度大、稳定性好、耐腐蚀、节约钢材和维修费用低等优点，因此“混凝土+钢”混合结构塔架（混塔）是一种可行的塔架方案，具有良好的发展前景。

风电场塔架型式 **表 1－1**

塔架型式		特征	适用条件	优　点	缺　点
混凝土塔架	混合塔架	下段为混凝土段，上段为钢段	≥120m	使用范围广，塔架高度上限高，运维成本低，无发电量损失	施工工艺复杂，现场吊装工作量大，过程控制难度大
	全混塔架	全高采用混凝土塔架	≥120m	塔架刚度大，运维成本低，无发电量损失	施工工艺复杂，塔架整体重量大，现场吊装工作量大，周期长，过程控制难度大
柔性塔架		全高采用钢塔架，增设阻尼器	120～150m	用钢量低	频率低，振幅大，控制系统要求高，摆动较大，安全隐患大，运输难度大
格构式塔架		下段为桁架式，上段为钢筒段	≥160m	用钢量低，塔架高度上限高，可适用于 240m 以上塔架高度	占地面积大，螺栓多，检修维护难度大，施工复杂，吊装工作量大
大直径分片塔架		分片钢塔架，现场组装	≥120m	运输方便	加工难度大，现场组装要求高，维护成本高

目前，混塔行业迎来了快速发展的机遇，但也正是由于行业近年来发展迅猛、存在各种制约行业健康可持续发展的问题。

在风机实际运行过程当中，会不同程度地出现临界转速、共振的现象，这些现象会对风电机组的发电性能、安全性产生不利影响。共振是指当设备收到的外力频率与风电机组自身固有频率相近时，会引起风电机组振动幅值的急剧增加。共振的产生与风机的结构、工况和外界环境等因素有关。其中，风机的自然频率是影响共振的主要因素。当外界激励频率接近或等于风机自然频率时会引起共振现象。

风机叶轮直径越大，叶轮转速越低。此时风电机组要想安全稳定运行，不可避

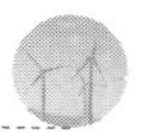

免地出现风机叶轮振动和塔筒振动的同频问题，即共振现象。风机塔筒振动频率与叶轮转速的对应关系，如图1－3所示，传统塔架（钢塔）型式避开了塔筒的一阶自然频率（1P）和三阶自然频率（3P）范围；而柔性塔筒形式下，风机转速区间则更多与塔筒1P频率线重合。传统刚塔和混凝土型式（半刚性塔筒）则位于1P和3P范围之间，如图1－4所示。

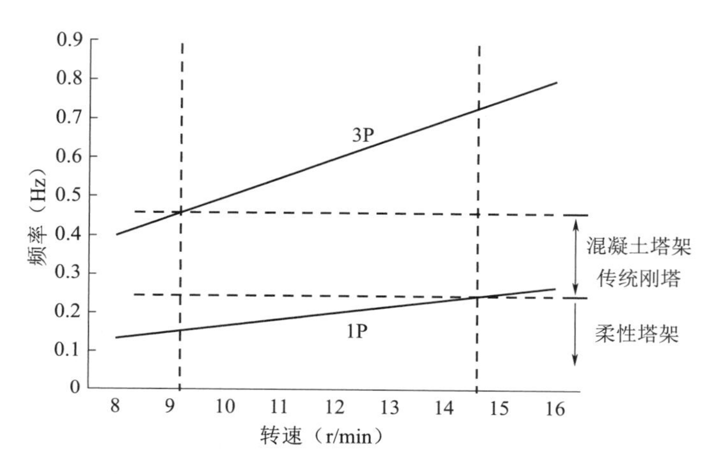

图1－4　风机塔筒振动频率与转速对应图（钢塔）

早期的较小风电机组（如1.5~2MW）塔筒高度一般在100m以下，这些较小风电机组的全钢塔筒通常为全钢的刚性塔筒。如果将当前使用较多的100m以上高度的全钢塔筒也设计为刚性塔筒，则刚塔的用钢量相较于柔塔形式会大大增加。

解决共振的方法有改变风机的结构参数、增加阻尼措施、降低外界激励，这些方法只能减小共振，而不能消除共振。而且针对高度超过140m的钢塔，降低共振的措施技术难度高，同时会增加大量的资金投入。混塔为混凝土刚性结构，共振频率低，不需要增加措施即可达到减小共振的效果，所以混塔更适用于高塔筒的建设。

同时，随着轮毂高度的增加，钢塔塔筒直径已达到5m及以上，已不能进行正常的公路运输，运输成本也将随着钢塔塔筒直径的增加而大大提高。为了解决塔筒运输问题，混凝土塔架提出采用分片的方式，通过将混凝土塔架整环分解成2P、3P、4P，甚至是5P，使混凝土塔架环片尺寸适合于公路运输。

通过对国内金风、远景、明阳、三一及联合动力等主流风机厂商的调研，收集了主要机型和塔筒形式配置方案。当前经济形势下，目前市场主流机型中，轮毂高度在140m及以上的塔筒形式主要推荐采用混凝土塔架形式，其中远景和金风具备140m钢塔形式（金风为分片式钢塔，厂家不推荐此类方案），其余厂家140m及以

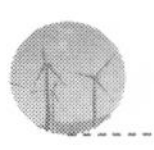

上轮毂高度只有混凝土塔架形式。

基于以上三方面原因，传统钢塔、柔塔已不适应目前市场的需要，混凝土塔架逐渐得到普及推广，自 2013 年至 2024 年，国内混凝土塔架应用及市场规模变化，如图 1－5 所示，2025～2026 年未来 2 年市场将以 10GW+/年规模增长。

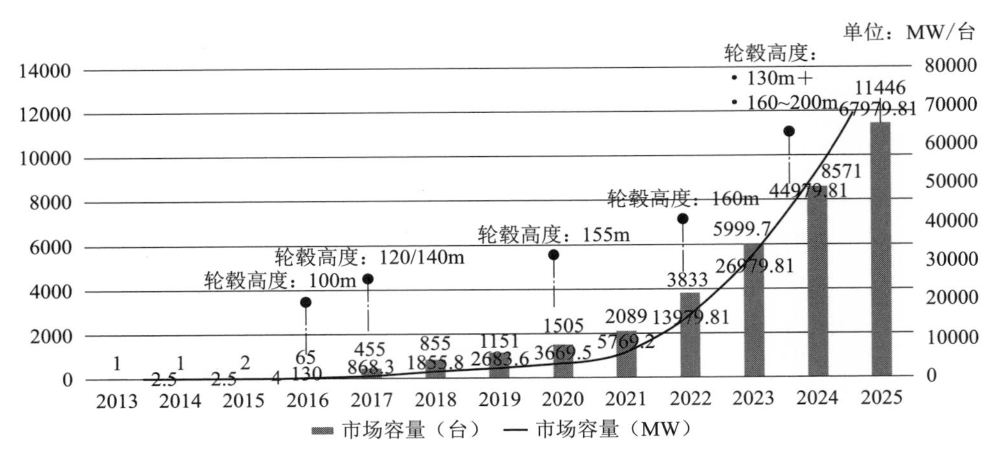

图 1－5　国内风电机组混凝土塔架业务发展态势图

在混凝土塔架发展过程中，塔架的形状出现过多种形式，有圆柱+变径、方形、八角形、锥形、桁架形式、分片等形式，锚索有体内预应力索和体外预应力索两种形式，但经过最近几年的实际应用，结合实际施工经验，行业内专业人士一致认为混凝土塔架形式采用圆锥形、预应力索采用体外索形式更便于施工安全、更便于施工进度、更便于施工质量的控制，更适合现阶段混凝土塔架项目工程的需要。

但在当前混凝土塔架技术应用过程中，混凝土塔架技术在我国的发展时间较短，从业企业较少，经验积累也相对不足，一些技术细节和关键技术上还不够完备，例如锚索、预应力张拉、混凝土塔架环片拼接等关键技术，加之混凝土塔架的标准体系不健全，导致现阶段混凝土塔架在设计、制造、运输和安装过程中出现混凝土塔架环片强度不够、尺寸偏差过大、组塔出现错台、裂缝等质量及安全问题。而且标准的缺失和不完善，给混塔的设计、生产、施工验收等带来了极大的不便。

由于以上原因编制本书，本书的编制针对混凝土塔架设计、制造、运输及安装全过程中的关键技术进行分析说明，目的在于对风电混凝土塔架工程建设起到指导作用，在一定程度上可以避免以前混凝土塔架项目实施过程中遇到的质量及安全问题。同时，对混凝土塔架技术的推广起到积极的引导作用。

第2章

风机发展历程和混凝土塔架技术适用性分析

2.1 风机发展历史和未来趋势

2.1.1 我国风机发展历史

我国的风力发电技术发展是从无到有，再到现阶段的技术世界领先，一共可以分为四个阶段：

第一阶段：引进国际上成熟风电机组。在20世纪70~90年代，中国还没有成熟的风电机组，处在自主研制阶段，并且生产能力几乎为零，主要是在政府支持下从国外引进成熟风电机组，单机容量以55~600kW为主，引进型号主要包括：Vestas V15-55/11机组（55kW）、Bonus 150/30、Bonus 450、TACK 600、Jacobs 48/600，大部分均为定桨失速型控制机组，如图2-1所示。

第二阶段，国产并网型机组从无到有。1996年，科技部实施“乘风计划”，设立“九五”期间专项大型机组国产化技术攻关专题，通过消化进口风电机组技术并对核心部件进行国产化，陆续实现了600kW及750kW机组的国产化生产能力，并实现部分核心部件的自主设计和自主开发，如图2-2所示。

第三阶段，兆瓦级机组全面国产化。2005年，《中华人民共和国可再生能源法》颁布，行业逐渐进入发展快车道。风电机组设备国产化率以及技术水平不断提升，主力机型逐步由千瓦级定桨定速机型升级为兆瓦级变桨变速机型。同时，龙

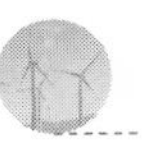

山东荣成马兰风电场建成时安装3台Vestas V15-55/11机组，总容量155kW；其中，单机容量为55kW，采用桁架式塔架

1989年，达坂城一期风电场引进丹麦Bonus 13台150kW，加上1台实验机组（丹麦Wincon 100kW），总容量达2050kW，为当时亚洲最大风电场。1996，二期扩建时陆续引进Bonus 450kW、TACK 600kW、Jacobs 500kW共8台

图 2－1　风电场示例 1

2004年，广东石碑山风电场（左图，特许权项目，总容量10万kW）建设选用国产S600机组，定桨失速型控制，额定容量600kW；
2003年3月~2007年7月，新疆达坂城四期（右图）扩建，安装国产S750机组，定桨失速型控制，额定容量750kW

图 2－2　风电场示例 2

头企业逐步掌握整机设计及制造能力，单机容量不断提升，如图 2－3 所示。在 2010~2020 年，平均单机容量从 1.5MW 提升 2.6+MW；其中，2014 年 1.5~2MW 机组装机占比持平，2017 年时 2MW 以下机组占比已不足 10%。

第四阶段，风电技术全面赶超。自 2011 年至今，中国风电行业成为世界领先的风电市场，不仅装机规模世界第一，风电技术也领先于其他国家。在这个时期，中国风电行业取得了惊人的发展成就。政府在政策和经济上持续增加对风电行业的支持力度，出台了更为明确的政策措施。同时国内风电企业也取得了一定的国际市场份额，在海外市场上开拓了更广阔的发展空间。

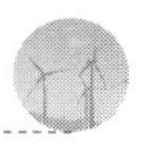

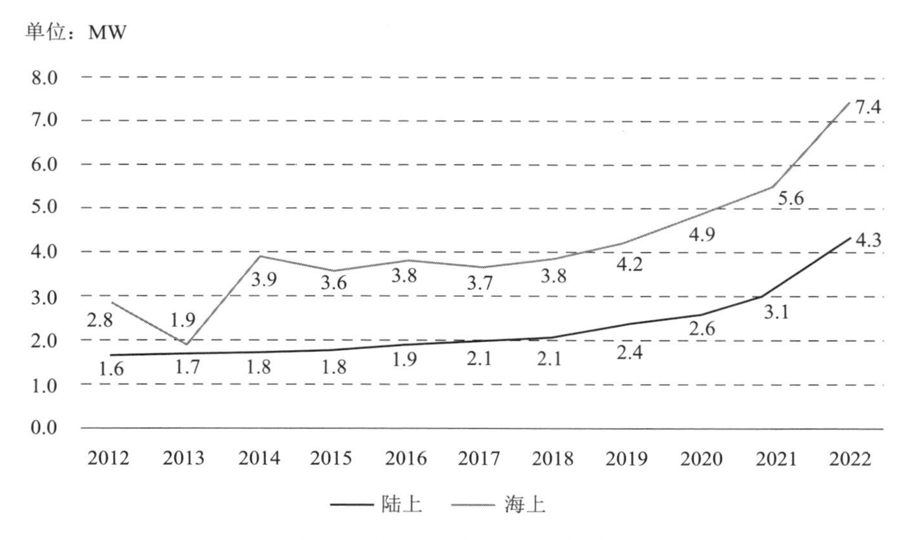

图 2－3 近年陆上海上风机单机容量变化示意图

2.1.2 我国风机未来发展趋势

机组大型化支撑平准化度电成本（*LCOE*）下降，如图 2－4 所示。随着风电行业的快速发展和电价的去补贴化，这就要求风电行业要具有足够竞争力的 *LCOE* 水平，为此国内外各主机厂商的主力产品随着技术水平的发展逐步大型化，使得 *LCOE* 水平随之降低；2022～2024 年，国内风电市场陆上机组的叶轮直径已经从 16X 上升到 22X，机组单机容量已经从 5MW 级别上升到 10MW 级别，并已经大规模出现 7～10MW 级别的风电机组；国内海上风电机组最大叶轮直径已经达到了 26X、单机容量达到 13～20MW；国际上陆上风电机组的叶轮直径已经达到 17X，单机容量达到 6MW 的技术水平。

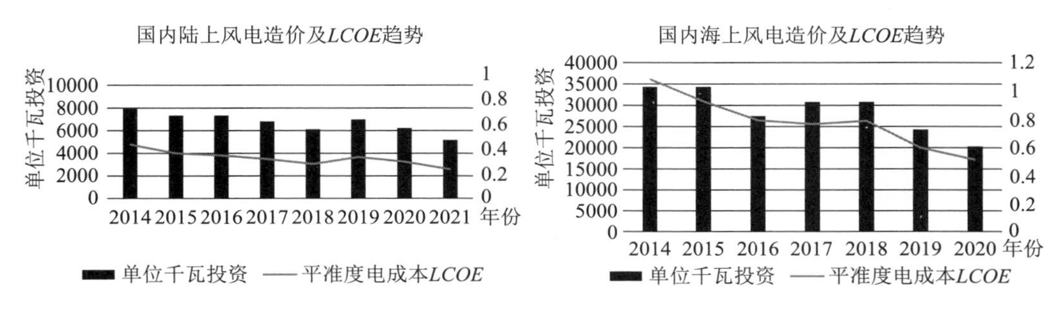

图 2－4 国内风机 *LCOE* 变化趋势

技术进步，推动机组大型化趋势–大叶轮。随着中国风能资源开发速度快速发展，风资源利用范围不断扩大，山东、云南等东南区域及甘肃、青海、新疆的沙漠、戈壁以及荒滩等地区资源开发已经成为重要趋势，风电机组的技术发展趋势也顺应该需求而逐步呈现大叶轮直径和高塔筒的趋势。就叶轮直径而言，2008年叶轮直径为70m左右，2013年提升到90m左右，2022年提升到200m左右级别，直到2024年后半年，预计国内主流厂商将可以大批量生产供应220~230级别的风电机组。单机容量完全可以覆盖6~10.0MW级别。同时其单位千瓦扫风面积也提升至4.5m^2/kW及以上，以足够高的满发小时数来保证合理的度电成本，如图2-5所示。

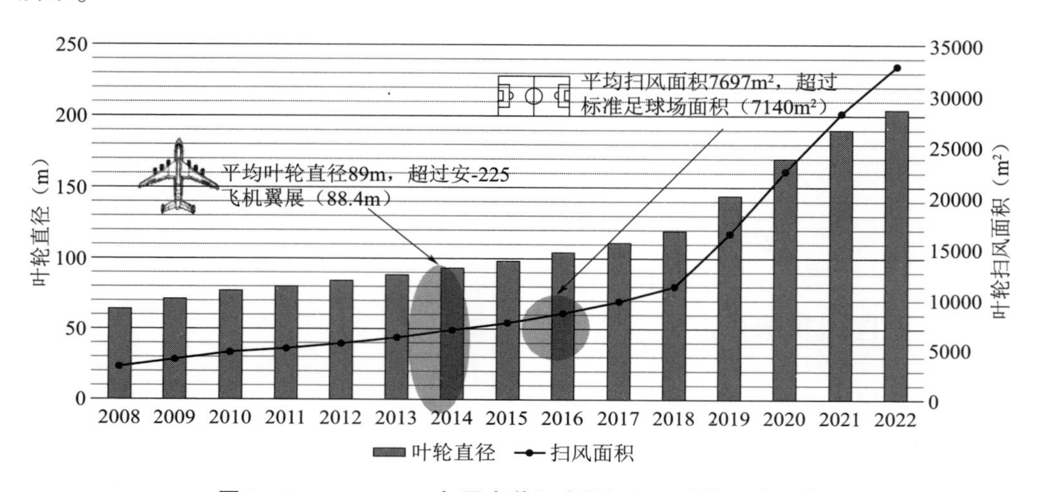

图2-5　2008~2022年国内装机或投标机组叶轮尺寸一览

随着风电技术的高速发展，要求其具有智能化及并网友好化的功能。自2014年开始，国内的风电行业逐步进入稳步增长期，国内风能资源开发的区域稳步扩大，风电场地理位置更加偏远，场址的气候及地形特征愈发复杂多样，使得机组安全稳定运行的制约因素千差万别；为此，行业内各主机厂家纷纷推出其自主研发的智能感知及控制技术，监控机组运行状态，预防由于气候突变出现极端事件。对标汽车行业的自动化等级，国内主流风电机组智能化水平已进入2.0时代并正在迈向3.0时代，如图2-6所示。

技术进步，推动机组大型化趋势——高塔架。随着中国风能资源开发速度快速发展，风资源利用范围不断扩大，中国东南部等低风速区域资源开发已经成为重要趋势，风电机组的技术发展趋势也顺应该需求而逐步呈现大叶轮直径和高塔筒的趋势。就塔架高度而言，自2013年来业内开始尝试钢混塔技术以来，柔性钢塔及混凝土塔架技术不断促进风电机组轮毂高度不断提高，2015年至2021年国内塔架高度从120m（钢柔塔）提升至166m（钢混塔）。截至2023年底，国内主流的整机厂商通过自主研究，已经开始制造最高185m的钢混塔形式。

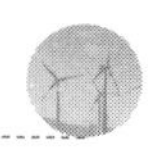

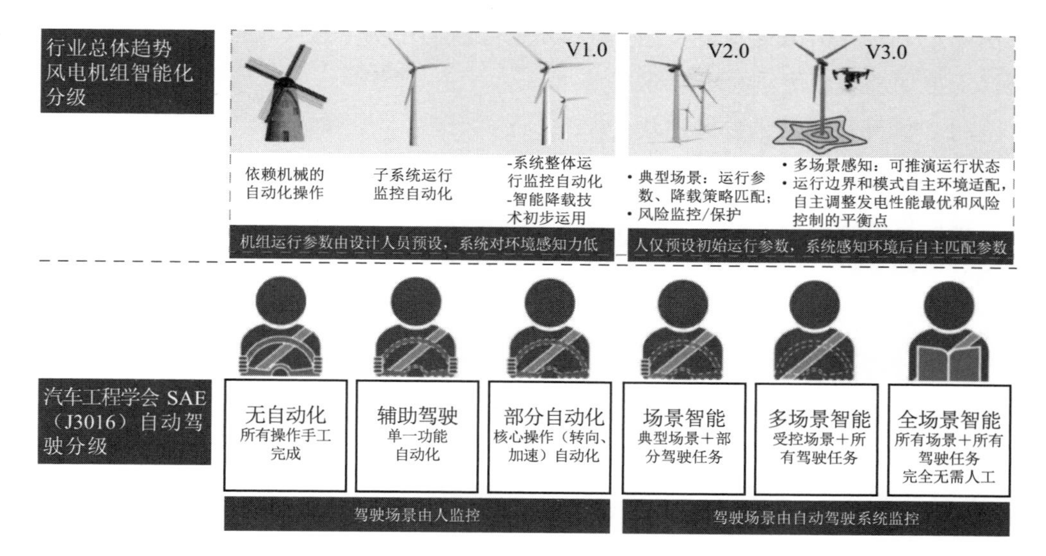

图2－6　风电机组智能化分级与自动驾驶风机对比

2.1.3　混塔技术发展现状及趋势

我国风能资源分布不均匀，大部分地区风速不高，采用高塔筒-混凝土塔架技术的风电机组特别适用于风切变较高的风场，在这类风场提高塔筒高度将会带来更高的发电量，在当前低风速时代的趋势下高塔筒已经成为刚性需求。就目前而言，6MW 及以上机型配套钢混塔高度可达到 110～185m，随着大兆瓦机型的不断推出，钢混塔也在不断往更高的方向发展。对于 110～140m 的塔筒，采用全钢结构柔塔具有结构自重轻、建造成本低的优势，随着塔筒高度的增加，柔塔的优势就越明显，但柔塔缺陷在于控制技术难度高，有可能和风轮产生共振，从而降低柔塔的使用寿命、增加安全事故风险。但其凭借着经济性、制造周期短、退役拆解方便等优势而仍占有国内超八成市场份额。

国外的风力发电技术在 21 世纪初进入发展的高峰期，随着风机技术的快速发展，风机功率越来越大、叶片越来越长、塔架越来越高，风电机组混合塔架技术的研究和应用也进入高峰期，同时，随着我国政府出台一系列政策，国内的风电企业也陆续在学习和引进国外技术的基础上进行研发和创新。早期混塔技术以整环预制结合现场湿作业连接、体内预应力技术为主，这种技术施工速度慢，成本也高于传统的钢制塔筒，加上我国的风电技术发展落后于国外，前期混合塔筒技术（以下简称混塔）并没有大面积的市场应用。随着我国新能源政策的推出，风电行业迎来了蓬勃的发展机遇。风力发电机组塔架的荷载也越来越大，传统的钢制塔架已经无法满足更高的结构受力要求，混塔技术已经成为市场上重要选择，同时也正在试图寻求更加合理和优质的塔架型式。

（1）国外混塔技术发展现状

在国际市场上，混塔已经占据高塔筒市场上大部分的份额。在欧洲一些地区，因为钢材价格居高不下，为了节省成本，各开发商更倾向于采用混塔技术替换传统的钢制塔筒方案；而在南美地区，因为当地基础工业水平不高，也更倾向于采用技术门槛相对较低的混塔方案。

风电混塔技术起源于欧洲，全球首台风电混塔于 1978 年在丹麦正式运转，目前已在欧洲有上万台装机的业绩。目前，国际市场上混塔形式高度主要集中在 70~190m 间，最高已经达到了 200m。混塔技术主要厂家主要有 Max Bögl、ATS、Ventur、Acciona，如图 2－7 所示。

图 2－7　不同塔筒厂商混塔形式图

以德国 Max Bögl 公司为例，其开发的 160m 高塔筒系统“System 160+”，为塔筒尺寸和效率方面设立了新的标准。2016 年，通过使用这套模块化混塔系统，德国莱茵兰-普法尔茨州的豪斯贝-比肯巴赫立起了一个 164m 高的混塔，如图 2－8 所示。底部是混凝土塔筒，上面加两段钢塔筒。新的混塔技术，可以满足国际上对大叶片、高轮毂的越来越多的需求以及所带来的技术挑战。新的混塔技术可以直接在项目施工现场生产混凝土型材，既能保证塔筒系统的高质量，又方便在本地制造，提高效率，减少运输成本。

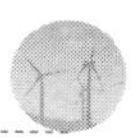

图 2－8　Max Bögl 公司 164m 混塔机组吊装图

2017 年，德国 Max Bögl 公司和风机制造商 VENSYS 共同开发风电场，采用的是混塔 1.0 系统。2019 年底，双方建设二期项目，使用混塔 2.0 系统，轮毂高度已经达到 132m，搭配 VENSYS136－3.5MW 风机。

该公司与 GE 合作开发的风电项目，共布置三台风电机组，轮毂高度达到 161m，使用混塔 2.0 系统，搭配 GE158－5.3MW 机组。同时，其与西门子歌美飒合作开发 SWT142 机型，轮毂高度为 165m。

（2）国内混塔技术发展现状

国内企业历经十余年的自主研发和探索，风电机组与塔筒厂商陆续加速布局混塔市场，力求在目前低成本压力下找到高塔筒的降本渠道。国内前十大整机商均已具备混塔技术，大部分已建成样机或量产业绩，如图 2－9 所示。

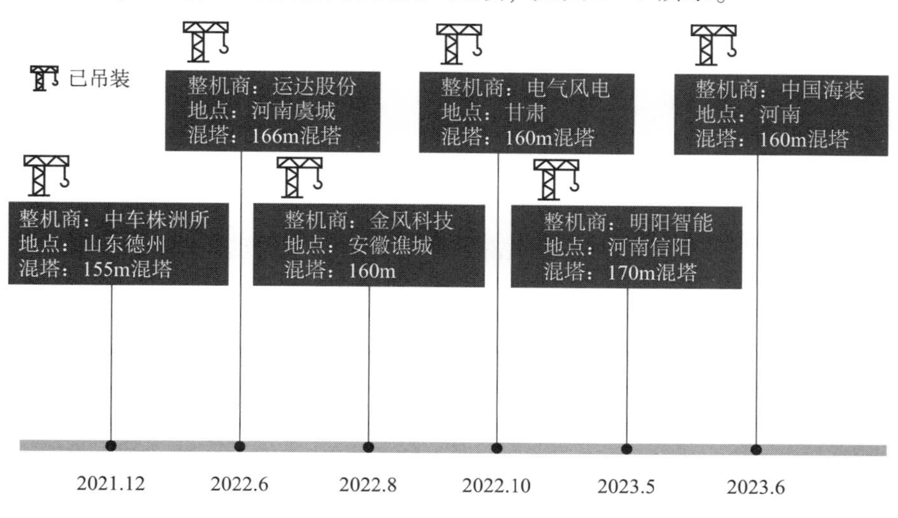

图 2－9　国内混塔技术发展情况

国内最早对钢混结构的混塔进行技术研发和储备的厂商是金风科技旗下的天杉科技，现已实现185m钢混塔吊装。除此之外，远景能源、明阳智能、运达股份、中国海装等主流整机厂商均具备混塔技术。

在2023年5月，明阳智能已在河南信阳罗山项目中成功吊装170m钢混塔风机。同年9月，金风科技在安徽阜阳成功吊装185m钢混塔风机。

2019年，国内混塔市场规模开始快速发展。2022年，混塔项目招标规模已达近千万千瓦，创历史新高。预计到“十四五”末，混塔市场累计规模将超3000万千瓦。目前，国内提供混塔产品的供应商包含天杉高科、电气研砼、上海风领、江苏金海等企业。

2.2 混塔技术风资源适用性分析

2.2.1 风资源参数分析

（1）风切变

风切变为风速在垂直于风向平面内的变化。风切变指数为描述风速剖面线形状的幂定律指数。表征风速随高度变化的变化程度，风切变越大表示随高度增加风速增加越明显；风切变越小表示随高度增加风速增加不显著。风切变公式如式（2－1）所示。

幂律公式
$$v_2 = v_1\left(\frac{z_2}{z_1}\right)^{\alpha} \tag{2-1}$$

式中：α——为风切变指数；

v_1——为高度 z_1 处的风速，m/s；

v_2——为高度 z_2 处的风速，m/s。

由于全国风资源分布不均，不同地区风速大小和风切变分布具有不同的特点。其中，以冀鲁豫皖苏等为代表的中东部平原省份风资源特点为低风速、高切变；南方山地、沿海等大部分地区为低风速、中低切变；东北地区为高风速、高切变；西北区域为高风速低切变区域。

从风资源角度来说，风速在空中水平和（或）垂直距离上会发生变化，这种现象在大气学中称为风切变。在风电行业，风切变通常用于表征风速在垂直方向的变化速率，高切变下，高度增加会显著提升风速。

以0.3的风切变为例，塔架高度从100m增加到140m，年平均风速将从5.0m/s

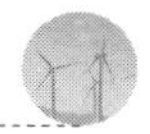

增加到 5.53m/s，某 131－2.2 机组的年等效满发小时数可从 1991h 增加到 2396h，提升了 20.34%。数据显示，风切变越大、塔架高度越高，发电量增量越大，如图 2－10、图 2－11 所示。

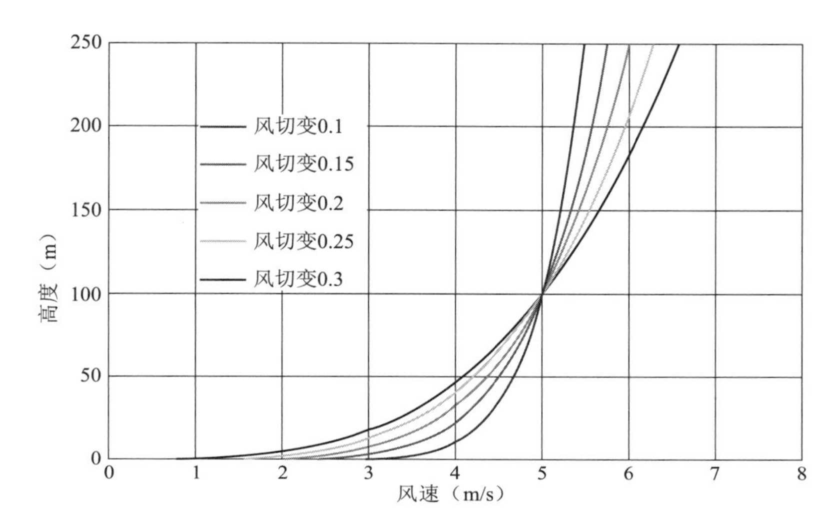

图 2－10　风切变示意图

发电量提升		风切变				
		0.1	0.15	0.2	0.25	0.30
塔架高度（m）	100	0.00%	0.00%	0.00%	0.00%	0.00%
	120	3.69%	5.74%	7.74%	9.38%	11.38%
	140	6.95%	10.59%	14.17%	17.76%	20.34%

图 2－11　风切变、高度与发电量关系图

（2）湍流

湍流强度（Turbulence Intensity，简写为 TI）是指 10min 内风速随机变化幅度大小，是 10min 平均风速的标准偏差与同期平均风速的比率。湍流值越大，代表风速变化越剧烈，反之则越平稳，如图 2－12 所示。湍流是风电机组运行中承受的正常疲劳载荷的计算输入参数之一，是 IEC61400－1 风机安全等级分级的重要参数之一。

图 2－12 为某 1.5MW 机组在不同湍流强度下的动态功率曲线，可以看出，湍流强度值与风电机组的实际出力密切相关。实际湍流值越大，证明测风塔处风速变化更加剧烈。风速变化剧烈，则可能导致风机偏航、变桨等动作频繁，从而导致风

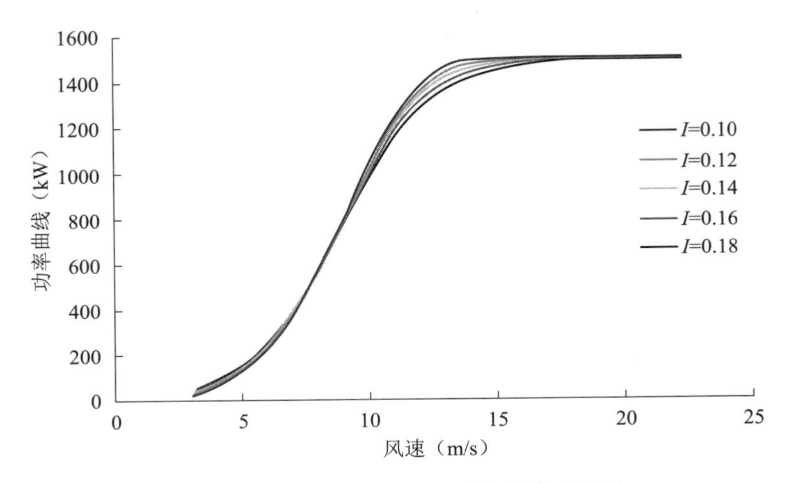

图 2-12　不同湍流强度下功率曲线对比图

电机组的实际出力可能会降低。除了对风电机组的发电量造成影响外，湍流对机组的安全性（载荷受力）也会产生明显的影响。

图 2-13　丹麦 Horns Rev（Ⅰ期）海上风电场尾流形成的云雾

（3）尾流

风力机是将自然界风能转化为电能的核心设备，风流作用在风力机上，带动风机叶片旋转，此时叶片对空气的作用导致风机下游的风速减小、湍流度增大、风剪切加剧等流动特征，而空气在下游传播一段时间后，在尾迹区外围流体的作用下，风速逐渐恢复，这种现象被称为风机的尾流效应。风速减小使得下游的风机输出功率降低，并且强湍流和风剪切的作用会影响下游风机的疲劳载荷、结构性能。

瑞典航空研究所（the Aeronautical Research Institue of Sweden，FFA）的测量结果表明，当风速为12m/s情况下，两台风机串列相距5倍叶轮直径时，处于尾流区内的风力机功率输出仅为无干扰时的60%左右，相距9.5倍叶轮直径时，约为

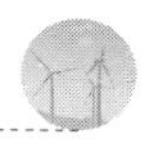

80%。如图2-13、图2-14所示，是一个风电场的流动情况，从图中可以看到上游风力机对下游机组的严重影响。对于大型风电场来说，一般都有数十上百台风机，而多台风机的相互干扰下，尾流效应的影响会更大。

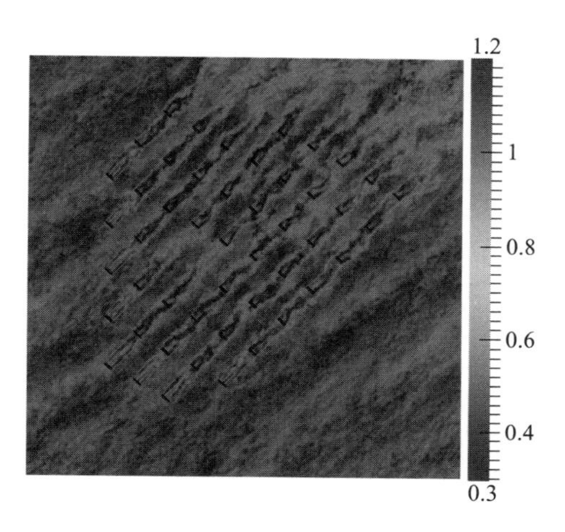

图2-14 风电场尾流影响

（深色线段为风机，浅色区域为风速降低区域，即尾流区域）

从我国大型风电场的实际运行情况来看，尾流损失存在被低估的可能。对于大型平坦地形风电场来说，尤其当风电场的风机数量多，其自身形成规模后也会对当地地表粗糙度造成改变，进一步造成局部风速的衰减。

（4）风机叶轮与塔筒共振

2021~2023年市场主流机型叶轮直径在19X~22Xm左右，此类型机组的塔筒高度大于110m，而100m以上高度的全钢塔筒通常被设计为全钢柔性塔筒。

风机叶轮直径越大，叶轮转速越低。此时风电机组要想安全稳定运行，必须面临一个问题，即风机叶轮振动和塔筒振动的同频问题。如图2-15所示，风机塔筒振动频率与叶轮转速的对应关系。传统塔架（钢塔）形式避开了塔筒的一阶自然频率（1P）和三阶自然频率（3P）范围；而柔性塔筒形式下，风机转速区间则更多与塔筒1P频率线重合。传统钢塔和混塔形式（半刚性塔筒）则位于1P和3P范围之间。

风电行业早期的风电机组容量较小，基本上在1.5~2MW之间，塔筒高度相比较现阶段机组也较小，多数在100m以下，小机组全部采用全钢塔筒，也就是咱们常说的额全钢的刚性塔筒。如果当前使用较多的100m以上高度的全钢塔筒也设计为刚性塔筒，则钢塔的用钢量相较于柔塔形式会大大增加。

在风机投运后，会存在临界转速和共振现象，这些现象会影响风机的发电性

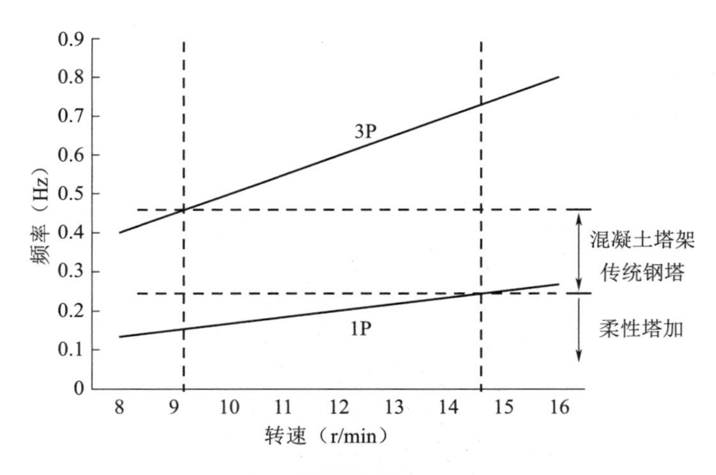

图 2－15　风机塔筒振动频率与转速对应图

能、稳定性能和安全性。共振是指当外力频率与风机自身固有频率相接近时，会引起风机振动幅值瞬间的急剧增加。共振的产生与风机的结构、工况和外界环境等因素有关。其中，风机的自然频率是影响共振的主要因素。当外界激励频率接近或等于风机自然频率时会引起共振现象。通过多年的研究，解决风电机组共振的方法多种多样，主要是改变风电机组的结构参数、增加阻尼措施、降低外界激励，但是采用以上方法只能在一定程度上减小共振幅度，而不能完全消除共振。在这方面，各风机厂家均作了深入研究，针对 140m 以下全钢塔筒效果比较显著，但对于轮毂高度超过 140m 的全钢塔筒，采用降低共振措施的技术难度高，并且需要投入大量的资金，不仅增加了技术难度，还很大程度上增加了机组制造成本。混塔为混凝土刚性结构，共振频率低，不需要增加措施即可达到减小共振的效果，所以混塔更适用于高塔筒的建设。

施工方面，钢塔施工的工程经验丰富，质量控制较好，施工工期较短，具有一定的优势。混塔在国内起步较短，相关标准规范相对欠缺，工程经验较少，施工质量控制难度较高，施工工期长。

2. 2. 2　风机避免共振的策略

（1）吊装过程

当塔筒高度达到 100m 以上时，由于塔筒的高度增加、重量增加，自然频率变低。因此在某些风速段，塔筒的自然频率与旋涡引起的周期性振动频率相近，会产生共振现象，称为涡激振动。

针对高塔筒这种涡激振动的挑战，在实际批量吊装过程中形成了 3 种切实可行

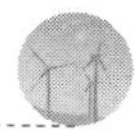

的方案，成功解决了该挑战。其中，阻尼器方案可将振动幅度减少 90% 以上，缆风绳和扰流条方案打乱了塔筒原先的气动受力情况，从源头上避免了由风产生旋涡引起的周期性振动，如图 2－16 所示。

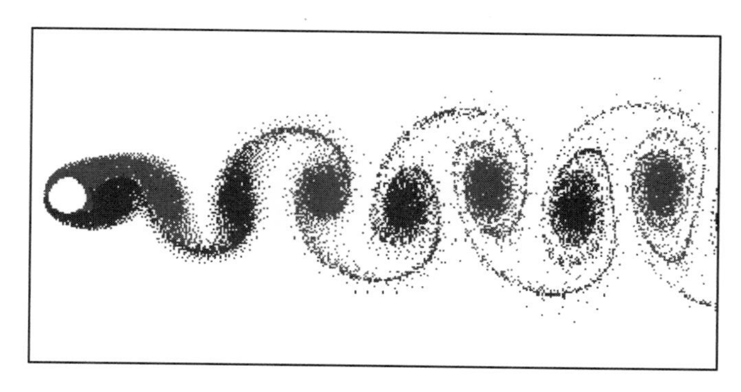

图 2－16　塔筒两侧交替产生的旋涡示意图

（2）风机运行过程

当塔筒高度提高后，塔筒自然频率降低，在同样的风轮激振力条件下，塔顶的振动幅度变大。塔顶的前后向运动与风轮平均风速叠加，导致风轮有效平均风速在自由流风速基础上叠加了周期性扰动。该扰动在低塔筒也存在，只是高塔筒上更显著。

在风机实际生产运行过程中，一般采取相应的风机多部位在线振动监测及控制策略，避免风机产生共振。

采用自适应控制等算法实时监控及调整桨距角。使桨角控制能够根据塔筒运动幅度的变化而自适应调整。即桨距角大小的控制不仅受风速的影响，同时会结合塔筒的运动幅度自适应地进行调整。

通过哈密顿（Hamilton）原理，将塔顶以上部件的扰动等效为塔顶扰动，通过李雅普诺夫稳定性理论进行塔顶干扰观测器的设计，使干扰器更接近实际塔顶的扰动值，从而有效抑制塔筒横向振动。

2.3　混塔技术应用场景

2.3.1　平原高切变区域

以冀鲁豫皖苏为代表的中东部平原地形风资源特点是风速低、切变大（综合切变一般在 0.2 以上）。基于此特点，采用较高塔筒时，风电项目发电量增加比较明显，收益率也会有较好的提升，因此高塔筒优势比较明显。

以0.2的风切变为例，塔筒高度从100m增加到160m，年平均风速将从5.0m/s增加到5.49m/s，年利用小时数增加约200~300h（注：仅依据经验推算，不同项目资源不同，需具体分析）。

平原地区施工场地对钢塔、混塔的制约较小，混塔由于需要进行塔片拼装，施工场地相对钢塔要大。针对高塔筒运输的问题，钢塔底段塔筒尺寸超出高速公路及桥梁限高限宽，无法正常运输。但是混塔采用就近设置加工场地，采用分片运输的方式，不存在运输问题。

平原地区风切变大，为得到更高的发电量，所以采用高塔筒，针对钢塔为了提高塔筒刚度，需要增加钢塔壁厚，导致钢塔投资增高，高柔性钢塔的共振频率变小，抗共振技术难以实现。

2.3.2 山地边坡地形

随着我国中东南部地区的风电开发，山地风电场高边坡现象愈发普遍，尤其是中低风速复杂地形山区项目，存在影响风电机组发电量和安全性的风险。

在部分山地风电项目开发中，存在以下情况：

由于限制因素（生态红线、公益林等）的存在，山脊区域无法用于风电建设，可用地块位于山脊附近的山坡上。

风机开发过程中，由于吊装平台和道路的开挖，造成风机基础实际海拔高度低于周边山体海拔高度。

以上两类原因均造成风机处海拔低于周边山体海拔。此时周边山体将会对风机处的风资源造成影响，主要表现为湍流较大，影响风机载荷和实际发电。

如遇此类地形的风电项目，可以采取提升塔筒高度的方式，降低局部地形影响风机点位处的风资源影响，降低风机扫风面内湍流值，以提升风电实际发电量和降低所受载荷，延长实际寿命。

如图2－17所示，以华北某项目为例，该项目全年主风向为西北偏西，关注机组的西北扇区有次山梁存在，正北扇区有山体遮挡；在以上两个扇区内，机组频繁发生振动问题。

山区采用高塔筒风电机组，混塔相比钢塔而言，需要增加拼装场地，导致施工场地面积增大，由于山区生态红线、公益林等限制因素，征地难问题尤为突出。在运输方面，钢塔采用整段塔筒运输，底段塔筒直径大于5m，超出场外道路限高限宽要求，同时对场内道路要求较高，增加道路修建成本；混塔采用在施工场地附近建设制造厂进行预制，塔片尺寸满足场外道路运输要求，同时对场内运输道路转弯

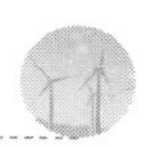

图 2－17　某项目中机组周边局地地形图

半径等要求较低，可以大大降低道路建设成本。工期方面，通过对在建混塔项目调研，混塔吊装工期约 25～30d，相比钢塔的 7d 大大增加施工工期，增加施工成本。

结合山地边坡地形的实际情况，各建设单位应综合考虑项目征地、设备运输、施工工期等情况，分析采用混塔的可行性。

2.3.3　大基地项目

沙戈荒大基地项目中，一般地形比较平坦，且风电项目单体容量较大，通常为 50 万～100 万 kW。此时，全场如只采用同一轮毂高度，则所有机组的扫风面高度范围趋于一致，会造成尾流影响偏大，实际尾流损失可能在 15%～25%，甚至更为严重。

此时可采用不同轮毂高度机型混装，使得项目能够梯次利用风能能量，避免风电场尾流过大，降低风电场的实际发电量。例如在项目中应用叶轮直径为 22Xm 的机型，轮毂高度选择 125m、160m 混装，此种方案可在一定程度上降低全场的尾流损失。

为提高大基地项目整体发电量，机组选型时会采用部分机组采用高塔筒，形成阶梯布置。大基地项目装机规模大，机组数量多，由于混塔施工工期相比钢塔大大增加，为了缩短工期，建议合理进行施工组织设计，优化施工工序，同时尽量减少混塔的应用台数。

2.3.4　混塔技术适用高度

根据前期调研情况，收集到远景、金风、明阳、联合动力及三一等主机厂商的主要机型和塔筒形式配置方案，如表 2－1 所示。当前经济形势下，目前市场主流机型 140m 及以上轮毂高度的塔筒形式主要推荐混塔形式，其中远景和金风具备钢塔形式（金风为分片式钢塔，厂家不推荐此类方案），其余厂家 140m 及以上轮毂高度只有混塔方案。

部分厂家机型方案调研(m) **表 2－1**

远景				金风			
叶轮直径	轮毂高度	钢塔形式	钢混塔形式	机型方案	叶轮直径	钢塔形式	钢混塔形式
192	110	√	×	191	110	√	×
	115	√	×		140	×	√
	140	√	√		160	×	√
	160	×	√		185	×	√
200	115	√	×	204	115	√	×
	120	√	×		140	×	√
	140	√	√		160	×	√
	160	×	√		185	×	√
220	125	√	×	221	125	√	×
	130	√	×		140	×	√
	140	√	√		160	×	√
	160	×	√		185	×	√
明阳				联合动力			
叶轮直径	轮毂高度	钢塔形式	钢混塔形式	叶轮直径	轮毂高度	钢塔形式	钢混塔形式
233	126	√	×	195	110	√	×
	135	×	√		115	√	×
	140	×	√		120	√	×
	160	×	√		140	×	√
	170	×	√		160	×	√
中车株洲所				200	112	√	×
叶轮直径	轮毂高度	钢塔形式	钢混塔形式		115	√	×
200	115	√	×		120	√	×
	140	×	√		140	×	√
	160	×	√		160	×	√
230	135	√	×	205	115	√	×
	140	×	√		120	√	×
	160	×	√		140	×	√
					160	×	√

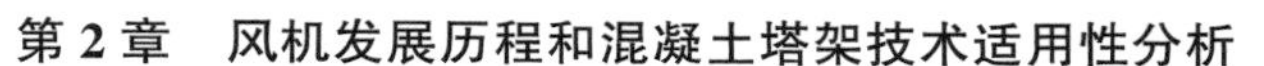
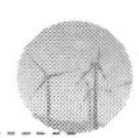

续表

上海电气				三一			
叶轮直径	轮毂高度	钢塔形式	钢混塔形式	叶轮直径	轮毂高度	钢塔形式	钢混塔形式
202	115	√	×	200	115	√	×
	140	×	√		140	√	√
	160	×	√		160	×	√
220	125	√	×				
	140	×	√	230	125	√	×
	160	×	√		140	√	√
230	130	√	×		160	×	√
	140	×	√				
	160	×	√				

以远景厂家方案为例：140m 轮毂高度情况下，混塔方案底段直径约 8. 76m，钢塔方案底段直径约 6. 3m（钢塔为分片方案，底部分为四片，每片弦长约 4. 5m）；钢塔方案总重量约 450t，混塔方案总重量约 1840t。

场外风电设备运输困难，改造成本高。如立交桥限高 5m，城市内立交桥限高最低为 4. 5m，高速公路收费站限宽基本在 2. 5m 左右（少数大车通道有 3. 75m），以上情况均需要对道路进行改造。钢塔长距离运输成本大幅度增加，而混塔可以就近建厂预制，克服了运输距离与场外道路运输难的问题，更适应大机组的应用场景。

根据整机厂商实际机型方案情况，结合前期部分项目实际应用结果来看，当轮毂高度推荐 140m 及以上时，可考虑采用混塔形式。如项目轮毂高度推荐 140m 以下时，推荐采用常规钢塔形式。

第3章 风电项目混凝土塔架预制关键技术

风电机组由塔架、机舱、叶轮组成，其中塔架起到支撑整个叶轮、机舱的重量及传递各种载荷的重要作用，并将力全部传递到风机基础，这就要求它要有足够的强度和刚度，以抵御风力等对塔架的作用力，保证机组在各种载荷情况下都能正常稳定地运行，还要保证风电机组在遭受一些恶劣外部条件时整个机组的安全性。

随着混塔行业的快速发展，除主流的北京天杉高科风电科技有限责任公司、明阳智慧能源集团股份公司、远景能源有限公司、上海电气研砼（木垒）建筑科技集团有限公司、中国电建集团华东勘测设计研究院有限公司、内蒙古金海新能源科技股份有限公司、上海风领新能源有限公司等企业外，其他行业的企业也在陆续加入，在共同推动了混凝土塔架市场的发展和技术创新，但混凝土塔架市场制造水平参差不齐，使得混凝土塔架环片预制水平总体不高，严重影响后期的混凝土塔架施工安全、质量、进度，以及最后运营阶段的安全性。

本书通过对市场上主要主机厂、混凝土塔架预制厂和混凝土塔架风电项目进行调研，发现在混凝土塔架预制过程中对质量的把控不到位，未按照相关规范、施工方案进行严格的施工、检验和验收。下面就从混凝土塔架预制厂、材料进场检验、混凝土生产、模板工程、钢筋工程、混凝土浇筑工程、混凝土养护工程、出厂检验及缺陷处理等部分进行逐项分析。

3.1 混凝土塔架预制质量控制要点

3.1.1 预制厂场地质量控制点

预制厂作为混凝土塔架制造的主体尤为重要，通过对在建混凝土塔架项目及主

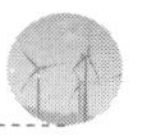

流混凝土塔架预制厂进行调研，发现现阶段各预制厂硬件及软件条件区别较大，其中比较主流的预制厂建设方式有三种：

（1）第一种：预制厂根据风电项目地理位置，在项目附近临时建厂，临时租用场地，配置的设施设备简陋，临时雇佣劳动力，仅派遣技术人员现场指导进行生产，该种方式多为露天加工，预制环境最为简陋，易受气候变化的影响，如遇雨、雪、大风等恶劣天气，会发生停工现象，影响工期。由于实际施工人员均为临时雇佣，管理团队也是临时组建，使得管理团队经验不足，易出现协调不到位的情况，同时工人技术水平低，纪律性不强，造成其所生产的混凝土塔架环片成品质量难以控制，如图3-1所示。

图3-1 第一种预制厂

（2）第二种是主机厂与区域内现有混凝土构件加工厂商合作，主机厂提供图纸及技术指导，预制厂提供厂房、场地、技术工人，生产出的混凝土塔架环片成品质量相对第一种方式有所提高。在混凝土塔架制造初期，由于技术工人的熟练水平不高，混凝土塔架成品质量控制达不到国家、行业标准，但随着时间的推移，制造经验逐步积累，结合流程的标准化、管理水平的提高，技术工人的熟练程度具有一定的提高空间。该类制造厂存在前期所生产的混凝土塔架环片成品质量难以控制，但随着时间的推移，经验的积累，混凝土塔架环片成品质量相应的逐步提高，如图3-2所示。

（3）第三种是主机厂根据国内风电项目分布，进行区域内自主建厂，技术、图纸、厂房、技术工人均为主机厂商统一管理，使得管理经验丰富，采取标准化管理制度，管理团队协调顺畅。同时制造厂内的工人流动性小，容易积累技术经验，使得工人的技术水平成熟度高。总体来讲，该类制造厂工业化水平高，预制构件质

图 3-2　第二种预制厂

量控制有保障，成品质量最优，如图 3-3 所示。

图 3-3　第三种预制厂

通过上述三种预制厂建厂形式的对比，优先选择主机厂商自主建厂地预制厂，工业化水平高、标准化管理、技术完善，能够很好地控制预制环片质量。

混凝土塔架制作施工前应由建设单位组织设计、施工、监理等单位对设计文件进行交底和会审。由施工单位完成的深化设计文件应经原设计单位确认，并应制定专项施工方案。

混凝土塔架制作根据施工工艺程序，可分为原材料进场、模板工程、钢筋工程、混凝土浇筑（包含养护）、出厂检验 5 个步骤。各步骤根据施工工艺及规范要求进行质量检验，施工过程中应及时进行自检、互检和交接检，每一步骤检验合格

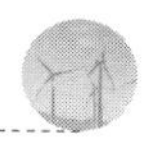

后方可进入下一步骤，预制流程如图 3－4 所示。下面从制造过程中的技术关键点进行逐一分析。

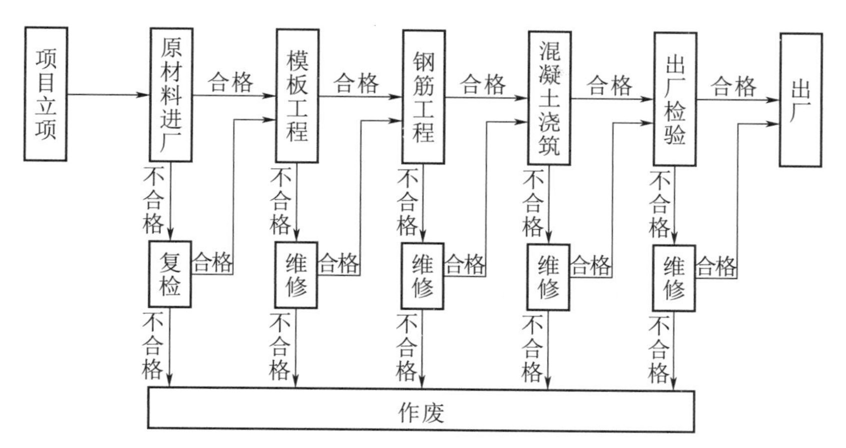

图 3－4　混凝土塔架预制流程图

3.1.2　预制厂基本要求

对于预制厂厂区，首先应具备完善的道路、供水、供电、排水、天然气、通信、污水处理、消防站等配套基础设施，北方地区另外还需增加动力蒸汽、集中供热等基础设施，实现“九通一平”。

（1）预制厂选址应考虑混凝土塔架环片运输成本，尽量选择距离风电项目场址较近的预制厂，也可在风电项目附件进行选址临时建厂。通过对各主机厂家进行调研，考虑运输成本的情况下，要求运输距离在 300km 以内为宜。

（2）混凝土预制构件应全部在封闭厂房内加工生产，加工场地应平整、坚实，硬化处理，预制环片平台基础表面应光滑平整，2m 长度内表面平整度偏差不应大于 2mm，空间满足施工要求。封闭厂房内应分区管理，可分为材料堆场、混凝土生产区、钢筋堆放及加工区域、绑扎区域、混凝土浇筑区域、混凝土养护区域等，各区域之间相互隔离，并根据工艺流程进行整体布局，形成流水线作业，达到工业化生产水平，如图 3－5 所示。

（3）封闭厂房内应分区管理，可分为材料堆场、混凝土生产区、钢筋堆放及加工区域、绑扎区域、混凝土浇筑区域、混凝土养护区域等，各区域之间相互隔离，并根据工艺流程进行整体布局，形成流水线作业，达到工业化生产水平，如图 3－6 所示。

（4）为了提高混凝土质量稳定性，混凝土搅拌站必须为预制厂自建，生产工

图 3－5　混凝土塔架预制厂厂房

图 3－6　混凝土拌合站

艺需严格遵守国家、行业标准。为了满足混凝土搅拌站工艺要求，预制厂必须设置材料和力学试验室，必须具备混凝土配合比设计、原材料检验、混凝土力学性能检测等常规检验检测能力。且具有住房和城乡建设局颁发的建筑业企业资质证书。混凝土搅拌站应在生产、技术、机械设备等方面具有连续保障供应、质量有保证且有高强度等级混凝土供应生产经验和业绩。

（5）承担混塔预制的预制厂应具有行政审批局颁发的营业执照，经营范围包括混凝土结构构件制造内容。预制单位应建立相应的质量、职业健康安全和环境管理体系，制定施工质量控制和检验制度。

（6）预制厂内应自建试验室，如图 3－7 所示。应通过认证机构认证；若无认

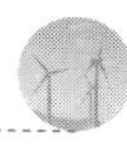

证机构认证，则主要用于原材料及试块试验，与第三方试验室进行对比核实。第三方试验室需要具有市场监督管理局颁发的检验检测机构资质认定证书，并且具备专业检验资格的工程师。

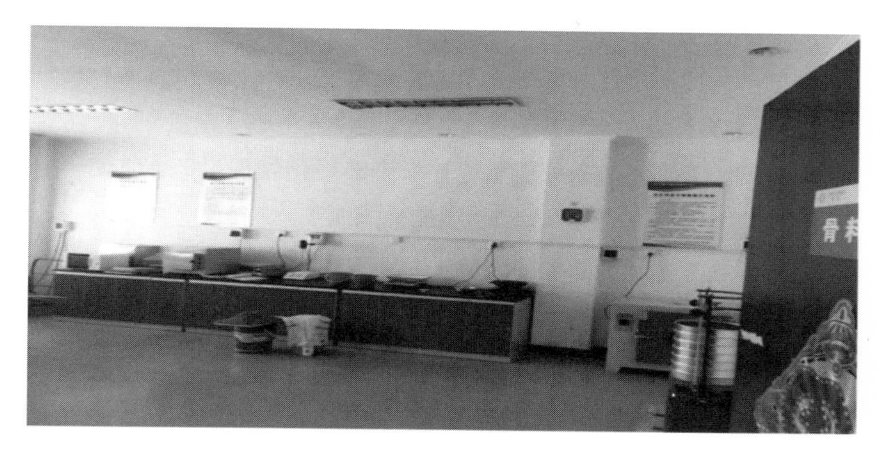

图3-7　混凝土塔架预制厂自建试验室

（7）随着新能源行业的快速发展，混凝土塔架制造厂应采取各种措施提高产品质量和生产效率及管理水平。这就要求预制厂要具备科学的管理体系，建立数字化质量管理平台，针对构件制造过程中制造缺陷反馈得不及时、沟通不畅、流程复杂等问题进行科学管理，克服传统管理模式的局限性，通过数字化管理平台实现“实时在线、远程管控、可视可溯、智能管理”的创新型管理模式。使数字化平台可以实现设备生产、监督、交付全程数字化管理，从项目的立项到任务分配、策划、过程监督、出厂验收等全过程线上管理，确保制造过程科学透明、缺陷速报整改、档案完整、进度实时监控，提升制造工作的规范性和智能化。数字化管理平台不仅提升了制造的工作效率，还能通过数据挖掘新技术，对项目、设备、质量问题等多维度数据进行统计和分析，为各级管理层的科学决策、技术改进等提供了丰富而精准的参考依据。

（8）混凝土塔架环片预制主要涉及的计量器具包括经纬仪、水准仪、扫平仪、钢尺、塞尺、靠尺、通规止规、力矩扳手、回弹仪、超声波等测量设备，要求满足实际施工的需要，建立详细台账，工具年检合格并在有效期内。

（9）混凝土塔架环片生产前应由主机厂家组织设计单位进行施工图纸技术交底及图纸会审，各参建单位全面细致地熟悉和审查图纸，了解工程特点和设计意图，提出图纸中存在的问题，设计单位进行详细答复或修改，减少图纸中的质量隐患，确保工程质量合格。环片生产设备和设施应满足生产要求，并应定期对主要设备进行检定或测试。

（10）生产企业须根据经业主单位审批合格的技术文件、施工图纸、施工组织设计或技术方案（包括但不限于混凝土养护、修补方案、成品保护及运输、试验计划等）等文件进行生产。

（11）预制厂生产前要针对混塔预制的全过程制定专项施工方案、构件专项修补方案、施工技术文件及生产方案。

（12）混凝土塔架环片成品堆放场地要求全部硬化处理，平整坚实，并预留便于运输的通道，运输通道宽度满足运输车辆要求即可。

（13）预制厂施工过程中需要的特种人员不多，主要包括焊工、电工、直螺纹加工人员、高空作业等人员，要求证书齐全有效，配备数量满足生产的需要，并建立管理台账，详细记录现场施工人员信息，便于统一管理调配。

1）专项施工方案包括模板工程专项施工方案、预制构件运输与堆放专项施工方案、混凝土养护专项施工方案、特殊季节施工专项技术方案，方案要结合项目实际，切实可行，危大专项施工方案应组织行业内专家进行论证。

2）构件专项修补方案及混凝土养护专项施工方案要明确质量缺陷种类，例如露筋、蜂窝、孔洞、夹渣、疏松、裂缝、连接部位缺陷（构件连接处混凝土有缺陷或连接钢筋、连接件松动）、外形缺陷（缺棱掉角、棱角不直、翘曲不平等）、外表缺陷（构件表面麻面、掉皮、起砂、沾污等）等，根据现行国家标准《混凝土结构工程施工质量验收规范》GB 50204 规范规定判断缺陷等级。缺陷等级分为严重缺陷与一般缺陷，严重缺陷是对结构构件的受力性能、耐久性能或安装、使用功能有决定性影响的缺陷；一般缺陷是对结构构件的受力性能、耐久性能或安装、使用功能无决定性影响的缺陷。结合项目实际情况分析缺陷原因，并提出合理、可实现，具有针对性处理方案，缺陷处理流程如图 3－8 所示。

3）混凝土塔架环片生产方案应包括生产工艺、模具组装方案、生产计划、技术质量控制措施，以及成品保护、堆放和运输方案。在正式开工前，应由项目技术负责人进行技术交底。

根据厂家调研情况，如年产能 150 套的混凝土塔架制造厂，需要满足如下条件：

①占地面积约 200 亩，厂房 3 跨 23000m^2，堆场面积约 15000m^2；

②设单条产线配备生产模具 1.5 套，钢筋绑扎胎具 1 套，钢筋加工产线 1 条；

③混凝土试验室 1 座；

④车间行吊 10 台，龙门吊 2 台及附属配套设施；

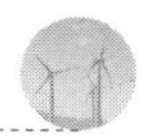

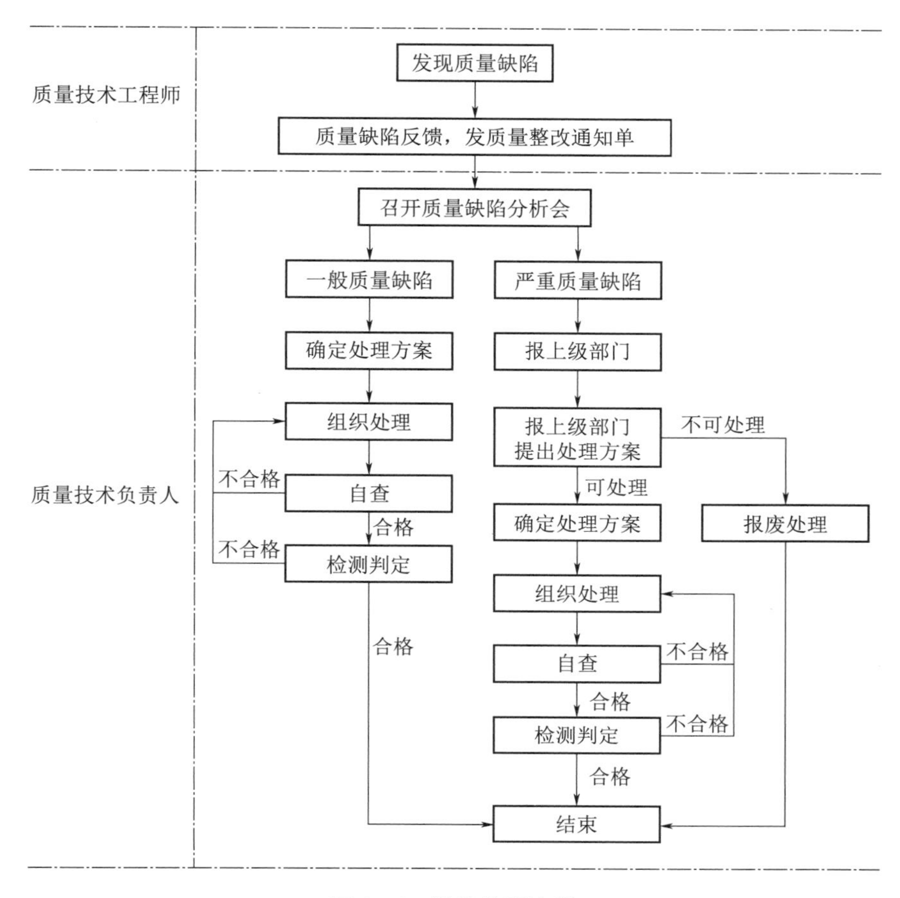

图 3－8　缺陷处理流程

⑤员工配置 120 人；

⑥180 型搅拌站 1 座。

3.2　原材料及混凝土生产质量控制要点

3.2.1　原材料进场质量控制点

建筑材料质量的优劣是建筑工程质量的基本要素，而建筑材料检验则是建筑施工现场材料质量控制的重要保障。因此，对原材料的检验是不可或缺的，其检验包括资料的检查和见证取样，其中见证取样和送检是保证检验工作科学、公正、准确的重要手段。混凝土塔架环片生产的原材料主要包括水泥、粗、细骨料、粉煤灰、外加剂、水、钢筋等，须按照国家规范要求进行见证取样，见证取样要求建设单位、监造单位相关人员到场，由施工单位专职材料试验人员进行现场取样或制作试件后，在监造人员陪同下送至有资质的第三方试验室进行试验，按照专业规范进行试验，结果应满足设计及规范要求的为合格，可用于后续工程施工；对于试验结果不合格情况，需进行复检，复检仍不合格的材料不得用于本工程的施工，具体检查如下：

（1）水泥：水泥是制作混凝土的重要材料，进场时，应对其品种、代号、强度等级、包装或散装编号、出厂日期等进行检查，并应对水泥的强度、安定性和凝结时间进行试验。进场检验资料包括产品合格证、有效的型式检验报告、出厂检验报告等，同时水泥有效期不应超过3个月。见证取样原则：袋装水泥不超过200t为一批，散装水泥不超过500t为一批，每批抽样数量不应少于一次，每批次送检数量不少于12kg；监造人员应见证并审核取样记录，监造人员应一同送检；有资质的第三方检验报告结论应合格，与厂家质量文件相符，如不合格，须进行复检，复检仍不合格的材料不得用于本工程的施工。

（2）细、粗骨料：细骨料一般采用中粗砂最为适合，粗骨料常用的有碎石或卵石。骨料进场检验资料包括质量证明文件、合格证。见证取样原则：砂、石骨料每400m^3或600t为一个检验批，粗骨料最大粒径不应超过构件截面最小尺寸的1/4，且不应超过钢筋最小净间距的3/4，在料堆取样时应随机选取不少于8个点，组成一组样品约30kg，监造人员见证并审核取样记录，一同送检。

根据规范要求，第三方试验单位报告主要指标：

1）粗骨料最大粒径不宜超过25mm，针片状颗粒含量不宜大于8.0%，含泥量不应大于0.5%，泥块含量不应大于0.2%；细骨料细度模数宜控制为2.6～3.0，含泥量不应大于2.0%，泥块含量不应大于0.5%；

2）对于有抗渗、抗冻融或其他特殊要求的混凝土，宜选用连续级配的粗骨料，最大粒径不宜大于40mm，含泥量不应大于1.0%，泥块含量不应大于0.5%；所用细骨料含泥量不应大于3.0%，泥块含量不应大于1.0%；

3）试验报告结论合格可用于本工程施工，如不合格，须进行复检，复检仍不合格的材料不得用于本工程的施工。

（3）粉煤灰：进场检验资料包括产品合格证、有效的型式检验报告、出厂检验报告等。见证取样原则：粉煤灰、矿渣粉、沸石粉不超过200t为一检验批，硅灰不超过30t为一检验批；每次抽取具有代表性的均匀样品10kg；监造人员见证并审核取样记录，一同送检；第三方试验报告指标与厂家质量文件相符，且结论应合格，如不合格，须进行复检，复检仍不合格的材料不得用于本工程的施工。

（4）外加剂：为了改善混凝土的性能以适应混塔技术的发展，在混凝土中掺

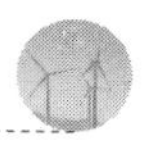

加外加剂已经是常用的方法。外加剂进场检验资料包括产品合格证、有效的型式检验报告、出厂检验报告，氯离子含量和碱含量应满足混凝土设计要求。见证取样原则：50t为一批，每批抽样数量不应少于一次（同一品种型号、进货批次为一批，送检取样500g）；监造人员见证并审核取样记录，一同送检；第三方试验报告指标与厂家质量文件相符，且结论应合格。

（5）混凝土用水：建议使用饮用水，可不进行检验；其他水质取样应按照同一水源不少于一个检验批进行检验，监造人员见证并审核取样记录，一同送检。第三方检验报告主要指标包括pH值、不溶物含量、可溶物含量、硫酸根离子含量、氯离子含量，检验结果符合规范要求，结论合格可用于本工程施工，如不合格，需进行复检，复检仍不合格的材料不得用于本工程的施工。

（6）钢筋：进场检验资料包括生产企业的生产许可证证书及钢筋的质量证明书，核对钢筋型号与设计要求是否一致。见证取样原则：1）成型钢筋30t为一批，每批中每种钢筋牌号、规格应至少抽取1个钢筋试件，总数不应少于3个；2）普通钢筋60t一个批次，超过60t的部分，每增加40t（或不足40t的余数），也按一个检验批计；3）取样数量：550mm三根、450mm两根；4）监造人员见证并审核取样记录，一同送检。第三方检验主要检测屈服强度、抗拉强度、伸长率、弯曲性能和重量偏差，可用于本工程施工，如不合格，须进行复检，复检仍不合格的材料不得用于本工程的施工。

3.2.2　混凝土生产质量控制点

现阶段，随着国家经济的快速稳定发展，混凝土搅拌站的应用范围越来越广，搅拌设备在借鉴国外产品的基础上不断创新，技术水平与质量稳步提升，但国内的搅拌站配料工艺的研究水平还有很大不足，对于新建的搅拌站，主要依靠厂家的经验，能够满足混凝土搅拌站对于质量的最低要求，对于输送工艺、投料工艺的研究严重不足。考虑到国内混凝土搅拌站的工艺水平，要求混凝土塔架制造厂家要在预制厂内自建搅拌站，采用输送带进行原材料进料，自带计量设备的集中搅拌站。同时，考虑到混凝土生产对环境适应性的要求，推荐采用厂房内建设搅拌站和储存原材料，保证混凝土的生产质量，产能能够满足预制厂需求。根据预制厂生产规模和需求，应选用高效、稳定的混凝土搅拌系统，包括搅拌机、输送设备和计量设备等。

为保证混凝土生产质量的稳定性，计量设备应定期进行校验，使用前应归零。计量精度应符合现行国家标准《建筑施工机械与设备　混凝土搅拌站（楼）》GB/T

10171 的有关要求。水泥、粗细骨料等按照重量计量，水和外加剂按照体积进行计量，允许偏差见表 3－1 所示。

原材料计量允许偏差　　表 3－1

原材料品种	水泥（%）	粗骨料（%）	细骨料（%）	掺合料（%）	水（%）	外加剂（%）
每盘允许偏差	±2	±3	±3	±2	±2	±2
累计允许偏差	±1	±2	±2	±1	±1	±1

搅拌站根据工艺要求，合理布置原材料储藏区、配料区、搅拌区和出料区，以提高工作效率和流程的顺畅性。混凝土运输建议采用搅拌运输车进行运输，应考虑预制厂内各厂房布局，合理规划混凝土运输路线，保证混凝土运输路径最优，满足生产用混凝土的连续稳定供应。

混凝土的配合比设计十分重要，应委托有资质的第三方试验室进行混凝土配合比设计，同时在施工过程中对不同批次混凝土要着重检查试配，所用的原材料应与施工实际使用的原材料一致性，检查混凝土强度是否满足设计要求，检查耐久性参数检验结果是否与设计要求一致。混凝土生产前按照设计好的配合比进行称重计量后进行正式混凝土生产。

混凝土配合比是指混凝土中水、水泥、骨料、掺和剂等各种原材料准确的种类、数量及相对配合关系。混凝土强度、耐久性、变形等性能直接关系到配合比的选择。因此，正确选取混凝土配合比对提高混凝土强度、增强混凝土的耐久性、提高混凝土的使用寿命等方面都具有重要作用。在设计混凝土配合比时一定要满足设计要求，需要考虑多种因素的综合影响，并根据具体工程要求采取相应的措施进行优化。这样不仅能提高混凝土的性能，而且还能最大程度地降低混凝土工程的成本。

其中，原材料质量、品种有明显变化时需重新进行配合比设计。配合比设计时应注意以下内容：

（1）根据项目的实际情况，在满足混凝土强度的前提下尽量减少水泥、水的用量。

（2）当设计有抗冻、抗渗、抗氯离子侵蚀和化学腐蚀等耐久性要求时，参照现行国家标准《混凝土结构耐久性设计标准》GB/T 50476 有关规定执行。

（3）设计时应考虑环境对施工及工程质量的影响。

（4）确保混凝土配合比试配所采用的原材料与施工中实际采用的材料要求一致。

（5）当设计图纸对混凝土的耐久性有检验要求时，应进行检验。

（6）混凝土配合比设计时要在保证其强度和坍落度的情况下，采用增加掺合料、粗细骨料等措施降低水泥的用量，建议采用低、中水化热的水泥，同时采用高性能减水剂。

（7）在混凝土施工过程中，现场应及时反馈混凝土质量情况，搅拌站应及时调整配合比以适应施工的需要。

（8）当混凝土性能指标或有特殊要求时、原材料发生变化时、混凝土生产间断三个月以上时应重新复核混凝土配合比。

（9）配合比设计完成后要进行混凝土试生产，经检验达到设计要求后方可进行正式生产。

混凝土搅拌是指将水泥、粉煤灰、粗细骨料等材料与水均匀搅拌的一种操作方法，有人工搅拌合机械搅拌两种搅拌方法，混凝土塔架制作混凝土是配置有计量设备的集中搅拌站，是一种机械搅拌方法，属于强制式搅拌机搅拌。混凝土搅拌站被广泛应用于工业、农业、交通、国防等建设工程中，需求量逐步增加。从供料到出料共分为供料、搅拌、出料三个过程，在这个过程中注意事项如下：

（1）原材料多批次进场，必须保证品质一致性，并接受监造人员随机抽检，如发现偏差或砂石料调整厂家应立即停止生产，并通报建设单位进行重新审查。

（2）外加剂的使用应严格控制，不得随意增减。如加入纤维、钢丝，须落实相关施工方案且经过专家论证。

（3）计量设备应定期进行检查和校准，确保准确度和稳定性。

（4）不同配方的混凝土要求不同的搅拌时间和转速，过长或者过短都可能影响混凝土的质量，因此需要根据具体情况进行精确控制。

（5）混凝土宜采用强制式搅拌机进行搅拌，要求搅拌均匀。混凝土搅拌的最短时间可按表 3－2 所示采用，当能保证搅拌均匀时可适当缩短搅拌时间。搅拌强度等级 C60 及以上的混凝土时，搅拌时间应适当延长。

混凝土搅拌的最短时间（s）　　　　表 3－2

混凝土坍落度（mm）	搅拌机机型	搅拌机出料量（L）		
		<250	250～500	>500
≤40	强制式	60	90	120
>40 且<100	强制式	60	60	90
≥100	强制式	60		

注：1. 混凝土搅拌的最短时间系指全部材料装入搅拌筒中起，到开始卸料止的时间；
2. 当掺有外加剂与矿物掺合料时，搅拌时间应适当延长；
3. 采用自落式搅拌机时，搅拌时间宜延长 30s；
4. 当采用其他形式的搅拌设备时，搅拌的最短时间也可按设备说明书的规定或经试验确定。

（6）当采用分次搅拌方法时，必须经试验后，根据试验结果确定送料顺序、数量及分段搅拌的时长等参数。其中，掺合料要求与水泥同步投料，液体外加剂要求滞后于水和水泥进行投料，粉状外加剂要求溶解后再进行投料。

（7）在生产过程中，搅拌站操作人员须严格控制原材料的加入比例和顺序，确保在生产过程中充分搅拌均匀。

（8）水灰比是指水和水泥的比例，它直接影响到混凝土的强度和抗渗性能。在搅拌操作中需要根据施工要求和原料的特性来确定合适的水灰比。高温和低温都会对混凝土的性能产生不良影响，因此需要在搅拌过程中控制好搅拌机的温度，并在必要时采取降温或保温措施。

（9）第一批次混凝土出料时，为了保证混凝土质量满足设计要求，应进行开盘鉴定，开盘鉴定内容为：

1）施工实际使用的原材料与设计的配合比所使用的原材料的一致性；

2）搅拌的混凝土工作性与设计的配合比要求的一致性；

3）搅拌的混凝土强度与设计文件要求强度的一致性；

4）搅拌的混凝土耐久性与设计文件要求的一致性。当原材料发生变化时要重新进行开盘鉴定。

（10）试块留存：每拌制100盘但不超过100m^{3}的同配合比的混凝土，取样不少于一次；每工作班拌制的同一配合比混凝土不足100m^{3}时，取样次数不得少于一次；每次取样至少留置三组标准养护试件，三组同条件养护试件。试块尺寸为150mm×150mm×150mm的正方体。

当前应用的混凝土塔架均为预应力混凝土塔筒，采用后张法的预应力混凝土结构，根据规范规定，塔筒结构的混凝土强度等级不应低于C60，随着混凝土塔架高度越来越高，载荷越来越大，混凝土强度等级现在多采用C70、C75、C80，轮毂高度大于180m的风电机组混凝土塔架已经开始采用C95以上的强度等级。结合设计经验，混凝土宜采用硅酸盐水泥、普通硅酸盐水泥或矿渣硅酸盐水泥进行配置。当采其他品种或者强度等级的水泥时应进行对比试验分析。拌制混凝土时可掺入矿物粉质拌合料。常用的有粉煤灰、硅粉、磨细矿渣粉、天然火山灰质材料及一级磨细自燃煤矸石。

塔筒混凝土的拌合物性能应满足设计和施工要求，当采用自密实混凝土时，还应符合下列规定：

1）坍落扩展度宜控制在650~750mm，坍落扩展度1h损失不应大于50mm；

2）T500宜控制在4~7s；

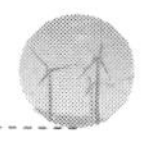

3）离析率不宜大于10%；

4）含气量宜控制在2%～4%。

混凝土运输是指将混凝土从搅拌站运送到浇筑点的过程，为了保证混凝土的施工质量，对混凝土拌合物的运输提出严格的要求，主要有不产生离析、不漏浆、保证浇筑时的坍落度。在混凝土初凝前有充分的时间进行浇筑和振捣。

拌合站产出的混凝土拌合物为介于固体和液体之间的均质拌合物。但是，在运输途中，由于运输工具的颠簸、振动等外力的影响，其内部的黏聚力和内摩擦力将出现削弱的现象，在自重的作用下出现粗、细骨料下沉、水泥砂浆上浮的现象，导致分层离析现象的出现。同时，要对运输工具、运输时间进行一定的限制。对于混凝土塔架的制造，建议采用混凝土搅拌运输车进行运输，接料前，应排空罐内积水。在运输过程中或等候期间，要求保持搅拌运输车正常转速，不得停止转动。卸料前，搅拌运输车应加速旋转20s以上，使罐体内混凝土充分摇匀后再进行卸料浇筑。

3.3　混凝土施工质量控制点

混凝土施工根据工艺流程，分为模具系统、钢筋工程、混凝土浇筑工程、混凝土养护工程四部分，在整个施工过程中，各部分紧密联系并相互影响，若其中任何一个环节处理不到位，都会对混凝土塔架产生不可挽回的质量问题。对混凝土塔架的质量要求主要包括外观尺寸、强度、密实性、均匀性和整体性。因此，每一个环节都要按照规范、技术方案和设计图纸的要求，采取合理的施工方法和措施，保证混凝土塔架的质量。

3.3.1　模具系统

模具系统指新浇混凝土成型的模板以及支承模板的一整套构造体系，如图3－9所示，其中，接触混凝土并控制预定尺寸、形状、位置的构造部分称为模板，支持和固定模板的杆件、桁架、连接件、金属附件、工作便桥等构成支承体系。

模具系统在混凝土工程中是辅助性结构，但在混凝土施工中至关重要。在混凝土塔架环片制作工程中所采用的专用模板为钢制模具系统。据了解，钢制模具系统的造价约为700万～800万/套。钢制模具系统是在预制厂厂房内集中组装，作为混凝土塔架环片浇筑的胎模。混凝土塔架属于高耸构筑物，运营期承受动荷载，这就要求混凝土塔架环片具有高精度和高强度的性能，而模板主要起控制精度的作用，模

图 3-9 模具系统

具系统质量的优缺直接影响混凝土塔架成品质量的好坏，是保证混凝土塔架质量、安全的前提条件，因此模具系统是混凝土塔架制造工程中不容忽视的一个重要环节。

（1）模具系统制造：模具系统制造采用专业模具加工工厂制造，集中供应的方式。模具系统设计制造规定如下：

1）模具、模板宜选用钢材或铝合金等高强耐磨材料，连接件宜采用标准定型产品。使用的钢材或钢构件采用 Q235 或 Q355 钢，其材质应符合现行国家标准《碳素结构钢》GB/T 700 和《低合金高强度结构钢》GB/T 1591 的有关规定。当使用铝合金材料时应采用 AL6061 - T6 或 AL6082 - T6，符合现行国家标准《一般工业用铝及铝合金挤压型材》GB/T 6892 的有关规定。

2）模具系统设计时，应根据模具系统的实际使用环境等条件，考虑预制构件的质量要求、生产工艺、拆卸要求及周转次数等因素。

3）模具系统应有足够的强度、刚度和整体稳定性，能可靠承受施工过程中所产生的各种载荷，并应满足附件的定位要求。例如：模板内模、外模、侧模板钢材厚度应大于 5mm，保证制造过程中模板具有足够的强度，不能因发生变形而影响混凝土塔架环片质量。

4）由于混凝土塔架环片为高耸结构，为了保证混凝土的浇筑质量，在浇筑过程中采用振捣棒与附着式振捣器配合进行振捣，所以模具系统上必须根据模板的尺寸，均匀配置附着式振捣器。

5）成品模具系统外部应涂刷防锈漆，保证其无锈蚀、翘曲、变形等质量缺陷。

6）混凝土塔架环片生产为批量生产，环片数量较多，为了避免混淆，部分厂家采用在生产完后在环片上进行标记，但后期标记容易受风吹日晒而脱色，最终难

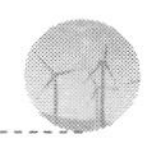

以辨认，所以要求模具系统制造时，在本体上应刻画表面标识，在浇筑时直接标明环片节号、顺序号等内容。

7）首次投入使用的模具系统应由加工厂家提供施工方案或说明书，同时模具系统进场后需由模具加工厂技术人员进行技术交底，说明模具系统设计理念、技术要求、注意事项等内容，并派专人进行现场指导，至首套混凝土塔架成品验收合格并出厂为止。

8）模具系统进场后应对整套系统进行外观、规格和尺寸检查，对不合格模具进行现场维修，维修仍不合格的返厂。

9）模具系统加工允许偏差和检验方法如表3-3所示。

模具系统加工允许偏差和检验方法 **表3-3**

序号	检查项目		质量标准	检验方法及器具
1	上、下口中心偏差		0~2mm	引线钢尺检查
2	内、外模间距偏差		±2mm	观察、钢尺检查
3	上、下口截面直径偏差		±2mm	尺检查
4	底模上表面标高		±2mm	水准仪、钢尺检查
5	相邻模具表面标高差		≤2mm	塞尺检查
6	表面平整度		≤2mm	靠尺、塞尺检查
7	预埋件、预埋管	预埋件中心位置	≤2mm	钢尺检查
		预埋管中心位置	≤2mm	钢尺检查
8	预留门洞	中心线位置	≤5mm	钢尺检查
		尺寸	0~5mm	钢尺检查
		下口最低标高偏差	±5mm	水准仪、钢尺检查

（2）模具系统安装：模具系统到场验收合格后，进行现场预拼装，经检验合格后进行正式生产。模具系统施工中应关注的关键点如下：

1）模具、模板安装场地应平整、坚实，并应有排水措施。

2）为保证混凝土塔架成品件底部平整度，偏差不大于2mm，要求模具、模板安装台座表面应光滑平整，2m范围内表面平整度偏差不应大于2mm。

3）模具、模板及支架应保证混凝土塔筒构件的形状、尺寸和位置准确，应构造简单，方便拆卸，安装牢固、严密、不漏浆，便于钢筋安装和混凝土浇筑、养护。

4）模具、模板进场安装前，应检查复核型号、数量、尺寸和接口形式。

5）模具、模板组拼前，应检查加固所需的螺栓、螺母、对拉杆等配件是否齐全，并应检查支撑和安装作业平台是否牢靠。

6）模具、模板安装前应进行试拼装，按照厂家技术文件及国家规范检验无误后再进行安装。

7）模具、模板安装的同时进行预埋件安装，预埋件安装前须对预埋件规格、型号、尺寸、数量进行核实，预埋件安装应牢固可靠，不能遗漏。

8）模具、模板组拼后应对模具整体尺寸、预埋件位置、预应力孔道尺寸等进行检查，并对上下相邻两节模具的预应力孔道和埋件位置进行校对。

9）模具应保持清洁，定期对侧模、底模等进行检查、清理，逐一核实预埋件和预留孔洞的定位准确性和牢固情况，重新启用的模具应检验合格后使用。

10）隔离剂应选用水性隔离剂，并100%涂满模板内侧，但不得对钢筋、预埋件等进行污染。

11）当混凝土强度达到设计强度等级值的50%及以上时，且满足设计要求时，同时能够保证其表面及棱角不受损伤的前提下，方可拆模。

12）模板的堆放：拆除的模板和支撑应分散堆放并及时清运，避免集中堆载；模板拆除后应及时清理，不得用坚硬物敲击板面；长途运输及超过3d不使用应对模板清水面进行防腐处理；模板应有专用的场地存放，并采取排水、防水、防潮、防火等措施。

13）模具应定期进行检修。模具每周转不超过10次或使用不超过2周、模具受到冲击或严重碰撞、环片变形、停用时间超过1个月时须对模具的几何尺寸、水平度、预埋件位置等进行复测，复测不合格的模具经修复后满足要求的可继续使用，如不满足则作废处理。

14）模具安装允许偏差及检验方法，见表3－4所示。

模具安装允许偏差及检验方法 **表3－4**

分类	序号	检查项目		质量标准	检验方法及器具
主控项目	1	模具及支架		符合设计要求且稳固牢靠，接缝严密	检查质量证明文件，观察、尺量
	2	内、外模间距偏差		±2mm	观察、钢尺检查
	3	上、下口中心偏差		0~2mm	引线钢尺检查
	4	上、下口截面直径偏差		±4mm	钢尺检查
	5	底模上表面标高		±2mm	水准仪、钢尺检查
	6	相邻模具表面标高差		≤2mm	塞尺检查
	7	表面平整度		≤2mm	靠尺、塞尺检查
	8	预埋件、预埋管	预埋件中心位置	≤2mm	钢尺检查
	9		预埋管中心位置	≤2mm	钢尺检查
	10	橡胶抽拔棒安装		位置准确，安装牢固	观察、钢尺检查

续表

分类	序号	检查项目	质量标准		检验方法及器具
一般项目	1	模具安装一般要求	（1）模具的接缝应严密； （2）模具内不应有杂物、积水或冰雪等； （3）模具与混凝土的接触面应平整、清洁； （4）顶模、底模安装牢固，不应在混凝土施工时产生位移		观察检查
	2	隔离剂	隔离剂的品种和涂刷方法应符合施工方案的要求；隔离剂不得影响结构性能及装饰施工；不得粘污钢筋、预埋件和混凝土接搓处；不得对环境造成污染		检查质量证明文件，观察
	3	预留门洞	中心线位置	≤5mm	钢尺检查
	4		尺寸	0~5mm	钢尺检查
	5		下口最低标高偏差	±5mm	水准仪、钢尺检查

（3）为了减少钢筋安装及绑扎过程中出现位置偏差，要求钢筋绑扎必须使用具备内表面主筋位置卡槽的安装模具，钢筋绑扎时只需人工按照卡槽位置摆放钢筋，即可保证钢筋型号及位置正确。

3.3.2　钢筋工程

在混凝土塔架预制过程中，钢筋工程涉及钢筋的堆放、加工、连接和验收等方面，在混凝土塔架中在确保环片稳定性、安全性和耐久性等方面起到至关重要的作用。混凝土塔架制造宜采用热轧带肋钢筋，直径不小于 8mm。钢筋的强度标准值、弹性模量和线性膨胀系数等应符合国家标准的规定。

通过对混塔项目调研，发现现场钢筋工程技术方案内容完整，无漏项等问题，但实际施工过程中，由于各相关方管理得不到位、监管不严，加之工程施工人员多为临时招募，工作纪律差、技术水平不高，造成从进场卸货堆放到钢筋制作安装全过程管理、质量缺陷严重，例如钢筋型号不符、锈蚀、变形、连接方式不合格、加工尺寸不满足设计要求等，针对这些问题，提出以下控制要点：

（1）质量管理

1）强化现场专项施工方案、质量管理体系、技术要点宣贯，定期进行考核，针对不合格人员进行处罚，严重的作开除处理。

2）实行管理人员责任制，设置专业负责人负责整体钢筋工程质量及现场管理，每班组人员内设置一名技术负责人，直接管理工人施工质量、施工纪律，加强现场管理。

3）增加奖励机制，定期进行实操考核，树立技术典型，并进行奖励，对不合格人员进行培训，并实行不合格人员末位淘汰制，增加不合格人员危机感，最终达到全部合格标准。

（2）钢筋的堆放

1）钢筋在运输和存放时，不得损坏包装和标志，并应按牌号、规格、炉批分别堆放，不能为了卸货方便而随意堆放。

2）采用吊车机械吊运钢筋时，应将吊带绑扎牢固，吊点应设置在钢筋束的两端，根据需要在重心位置设置吊点，钢筋要平稳上升，不得超重起吊。

3）起吊钢筋时，吊车吊臂及钢筋束下方严禁人员进入，待钢筋束距地面 1m 以内时方可靠近操作，钢筋束整体稳定放置在专用支架上，确定无误后方可摘钩。

4）堆放场地应坚实平整，应为混凝土地面，并且排水便利，避免受水侵蚀生锈，影响钢筋力学性能，如图 3－10 所示。

图 3－10 钢筋原材料堆放

5）堆放时钢筋下部需垫置枕木或支架，高度大于 0.2m，间距大于 1m，便于搬运，并且防止钢筋污染。

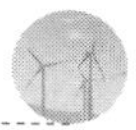

6）钢筋原材采用室外堆放时，应覆盖防雨布等遮盖措施，防止钢筋锈蚀。

7）制作完成的钢筋成品件须按钢筋型号、使用部位、使用顺序等分类且有序摆放，摆放至专用支架上，不同编号钢筋宜有隔离设施且钢筋不得受外力影响而变形，如图3－11所示。

图3－11 钢筋成品件堆放

8）钢筋原材和钢筋成品件堆放区域须设置明显标识标牌，钢筋原材标识标牌上要求注明钢筋进场时间、厂家、是否验收合格、钢筋规格、长度、产地、批号等信息；钢筋成品件标识标牌应注明使用部位、钢筋规格、钢筋简单示意图、加工时间及加工人员姓名等信息，如图3－12所示。

图3－12 钢筋堆放区设置标识标牌

9）钢筋运输和堆放时禁止触碰电源，严禁钢筋靠近高压线，防止发生触电事故，钢筋与电源线的安全距离应符合表3－5要求。

钢筋与电源线的安全距离 表 3-5

序号	电压等级	最小间距（m）
1	1kV 以下	4
2	1~35kV	6
3	35~110kV	7
4	110~220kV	10
5	220kV 以上	15

（3）钢筋加工

混凝土塔架制造中钢筋加工主要采用除锈机、调直机、切断机、弯曲机等机械对钢筋进行调直、切断、折弯，制备成设计及施工需要的长度、形状等的钢筋件备用，提高钢筋的使用效率和准确度。在钢筋加工中要求严格按照设计及相关国家标准规范的要求。

钢筋加工质量好坏直接影响在混凝土塔架施工中起到了重要的作用：

1）提高施工效率：钢筋加工可以使钢筋的长度、形状、尺寸更加符合混凝土塔架预制施工及设计的需要，有效减少钢筋的浪费，大大提高了钢筋的利用率，成型钢筋件便于施工，提高施工效率。

2）保障施工质量：钢筋加工由专业人员生产，生产标准化、流程化、批量化，加工的钢筋件尺寸、形状精确度高，保证钢筋在施工中的布置位置准确、钢筋绑扎后成品钢筋笼满足设计要求，从而保障钢筋施工质量。

3）节约成本：钢筋的加工可以根据图纸要求进行加工，利用率高，并且使用专用的加工设备和技术，加工效率高，从而减少现场钢筋加工和绑扎的时间，节省工期，节约成本。

钢筋加工质量问题主要分为机械因素和人为因素两方面原因，对于机械原因采取定期对加工机械进行校验，加强维护等方式可以有效避免，但人为因素往往是控制难点，如何提高管理人员、工人的技术水平是关键，这就要求管理人员在提高技术水平的同时提高责任心，加强现场的管理。对于工人，可以采用定期培训及考核的方式，制定淘汰机制及奖励机制，不断激励工人进行学习，不断提高自身技术水平及责任心。钢筋加工控制要点主要包括：

1）钢筋加工应严格按照设计图纸要求，如钢筋规格、尺寸、型号，加工完成品件应定期抽检，避免不合格钢筋成品件进入下道工序。

2）受力钢筋的弯折应符合下列规定：

①光圆钢筋末端应作 180°弯钩，弯钩的弯后平直部分长度不应小于钢筋直径

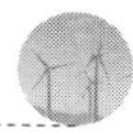

的3倍。作受压钢筋使用时，光圆钢筋末端可不作弯钩；

②光圆钢筋的弯弧内直径不应小于钢筋直径的2.5倍；

③335MPa级、400MPa级带肋钢筋的弯弧内直径不应小于钢筋直径的5倍；

④直径为28mm以下的500MPa级带肋钢筋的弯弧内直径不应小于钢筋直径的6倍，直径为28mm及以上的500MPa级带肋钢筋的弯弧内直径不应小于钢筋直径的7倍；

⑤框架结构的顶层端节点，对梁上部纵向钢筋、柱外侧纵向钢筋在节点角部弯折处，当钢筋直径为28mm以下时，弯弧内直径不宜小于钢筋直径的12倍，钢筋直径为28mm及以上时，弯弧内直径不宜小于钢筋直径的16倍；

⑥箍筋弯折处的弯弧内直径尚不应小于纵向受力钢筋直径。

3）除焊接封闭箍筋外，箍筋、拉筋的末端应按设计要求做弯钩。当设计无具体要求时，应符合下列规定：

①箍筋、拉筋弯钩的弯弧内直径应符合下文③的规定；

②对于一般结构构件，箍筋弯钩的弯折角度不应小于90°，弯折后平直部分长度不应小于箍筋直径的5倍；对于抗震设防及设计有专门要求的结构构件，箍筋弯钩的弯折角度不应小于135°，弯折后平直部分长度不应小于箍筋直径的10倍和75mm的较大值；

③圆柱箍筋的搭接长度不应小于钢筋的锚固长度，两末端均应做135°弯钩，弯折后平直部分长度对一般结构构件不应小于箍筋直径的5倍，对有抗震设防要求的结构构件不应小于箍筋直径的10倍；

④拉筋两端弯钩的弯折角度均不应小于135°，弯折后平直部分长度不应小于拉筋直径的10倍。

4）根据规范要求，受力钢筋沿长度方向的净尺寸允许偏差±10mm，箍筋外廓尺寸允许偏差±5mm。

5）为了避免钢筋在加工过程中受到环境的影响，例如雨、雪、雾等天气的影响，而降低钢筋力学性能，要求钢筋加工应选择在封闭厂房内进行。

6）钢筋加工过程中当发现钢筋脆断、焊接性能不良或力学性能显著不正常等现象时，应立即停止使用该批次钢筋，上报项目负责人，同时委托有资质的第三方单位对其进行化学成分检验或其他专项试验。

7）钢筋表面应清洁、无损伤，钢筋表面油渍、漆污和铁锈应在加工前清除干净。

8）不应使用带有颗粒状或片状老锈的钢筋。钢筋弯曲成型后钢筋表面不应有裂纹。钢筋加工的允许偏差见表3－6所示。

钢筋加工的允许偏差　　表3－6

项目	允许偏差（mm）	检验方法
钢筋下料长度	± 10	尺量
箍筋外廓尺寸	±5	

（4）钢筋连接

钢筋的连接工艺是指混凝土塔架制作中用于将钢筋连接在一起形成固定的结构，具有重要的作用和意义，可以提高结构的稳定性和承载能力、保证结构的安全性和可靠性、可以提高施工效率和减少工期、可以实现结构的设计要求和技术标准、方便维修和更换、可以实现经济效益和节约资源，因此，在实际应用中，需要科学、严谨地选择和应用合适的钢筋连接工艺，以确保结构的安全性、可靠性和工程的有序进行。

钢筋的连接主要有绑扎搭接连接、焊接连接和机械连接三种，如何选择连接方式关系到钢筋工程质量的优劣，具体连接方式介绍如下：

1）绑扎搭接连接：

钢筋的绑扎搭接应符合现行国家标准《混凝土结构设计标准》GB/T 50010的有关规定。根据现行国家标准《混凝土结构设计标准》GB/T 50010规定，需要进行疲劳验算的构件，其纵向受拉钢筋不得采用绑扎搭接接头，轴心受拉和小偏心受拉杆件的纵向受力钢筋不宜采用绑扎搭接接头，其他构件中的钢筋采用绑扎搭接时，受拉钢筋直径大于25mm和受压钢筋直径大于28mm的不宜采用绑扎搭接接头。

绑扎搭接连接的优点是一般钢筋工在任何环境下均可操作，无须额外加工、安装和检测设备，施工速度较快，质量有保证。但是也存在着诸多缺点，例如在搭接区域内多出一倍的钢筋接头，占用了过多的截面面积，不利于混凝土的浇筑和振捣施工，搭接多导致使用钢材多，增加了成本，而且传力性能在所有连接方式中是最差的。

2）焊接连接：

焊接连接主要有4种方式（电弧焊、电渣压力焊、气压焊、预埋件钢筋埋弧压力焊），焊接均应满足国家现行标准《混凝土结构设计标准》GB/T 50010和《钢筋焊接及验收规程》JGJ 18的有关要求。根据规范要求，“需进行疲劳验算的构件，其纵向受拉钢筋不得采用绑扎搭接接头，也不宜采用焊接接头，除端部锚固外不得在钢筋上含有附件”可知：除需进行疲劳验算的构件的纵向受拉钢筋不宜

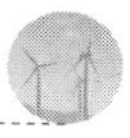

采用外均可适用；但细晶粒热轧带肋钢筋以及直径大于28mm的带肋钢筋，其焊接应经试验确定，余热处理钢筋不宜焊接。

焊接连接接头价格较为便宜，可在允许留有接头的范围内任何位置进行焊接。但是焊接连接需要专门的焊接设备、焊条，而且需要消耗大量电能，与其他连接方式相比能源消耗量最大，焊接人员技术要求较高，需要专业考核合格，且持证上岗，对施工环境有较高的要求，不能随时随地地进行焊接工作，例如电渣压力焊只能用于竖向钢筋连接，闪光对焊、气压焊接只能在加工场施焊和连接有限长度的钢筋。由于对人员、环境要求较高，焊接质量不能有效控制，容易出现不合格产品，浪费较多，如图3-13所示。

3）机械连接：

钢筋机械连接包括直螺纹、锥螺纹和套筒挤压三种，各机械连接应满足国家现行标准《混凝土结构设计标准》GB/T 50010和《钢筋机械连接技术规程》JGJ 107相关规定的要求，如图3-14所示。由于套筒冷挤压、锥螺纹连接质量不稳定、接头受力达不到设计要求等原因，现在工程上钢筋连接已很少采用，现今最常用的机械连接方式为直螺纹接头连接方式。国内相关规范中无该种方式的应用范围，但根据其特点，机械螺纹适用范围最广。

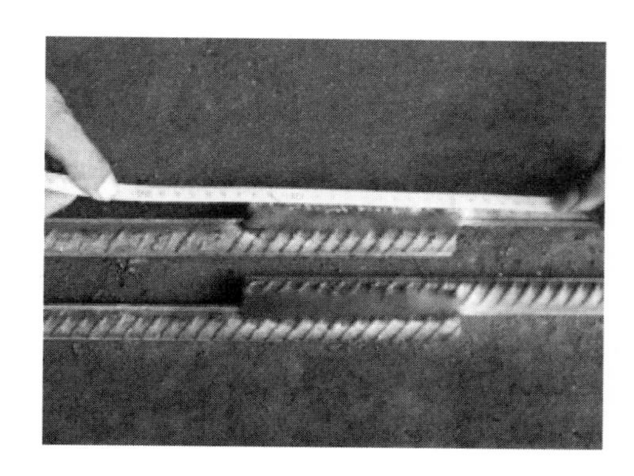

图3-13 钢筋焊接连接

图3-14 钢筋直螺纹连接

钢筋机械连接一般的钢筋工在任何环境条件下均可操作，相比于焊接、绑扎，其施工速度最快，可接续对接钢筋，可无限接长，机械接头传力性能最好，连接质量稳定性、强度等最优。但由于套筒成品的价格比较高，导致机械连接的施工费最高。

由于各种连接方式的适用范围、费用、技术要求、成品质量控制等原因，直螺纹连接虽然价格最贵，但因其质量最优、操作简单、适用范围最广而应用最广。焊接虽然价格相对直螺纹连接较便宜，但因焊接的人员、技术要求高，能耗大等原因，应用范围受限。在混凝土塔架制造中，根据钢筋的不同规格，钢筋的连接方式多采用绑扎搭接、焊接连接、直螺纹连接相互结合的方式，其质量控制要点如下：

1）钢筋品种、规格等级应与设计图纸、技术文件相符。

2）钢筋笼绑扎宜在配套安装模具中进行，具备内表面主筋位置卡槽，钢筋位置、规格型号、数量须标注明确。

3）钢筋连接方式应根据设计要求和施工条件选用。

4）钢筋机械锚固连接应符合现行国家标准《混凝土结构设计标准》GB/T 50010 的有关规定。

5）钢筋焊接应符合现行行业标准《钢筋焊接及验收规程》JGJ 18 的有关规定。

6）直径超过 25mm 钢筋应使用焊接或机械连接，接头位置、接头率须满足设计图纸、技术文件要求。

7）同一纵向受力钢筋不宜设置二个或二个以上的接头。接头末端至钢筋弯起点的距离不应小于钢筋公称直径的 10 倍。

8）钢筋绑扎搭接长度不小于 $35d$，接头应在接头中心和两端用铁丝扎牢，绑丝绑扎牢固，绑丝最少拧两圈为宜。

（5）钢筋笼绑扎

钢筋笼是整个混凝土塔架环片的骨架，为了保证钢筋笼的强度、规格尺寸等符合设计要求，钢筋笼的绑扎必须严格按照国家规定及技术文件的要求进行。但是由于钢筋笼绑扎过程中钢筋定位易受到扰动后发生位移，使钢筋笼成品质量下降，为了解决这问题，就要求设计阶段对钢筋笼进行标准化设计，按照标准化的设计图纸制作钢筋笼绑扎工装，如图 3－15 所示，钢筋笼绑扎工装上根据钢筋长度、位置、规格进行编号及标记，并且根据钢筋直径进行开槽定位，钢筋笼绑扎只需要进行机械的钢筋摆放，对号入座即可，就可以保证钢筋在绑扎的过程中位置不发生变化，保证不会出现缺少钢筋或漏绑的问题出现，最终成品的刚度、形状与国家规范、设计文件一致。

其中，采用专用的钢筋笼绑扎工装至关重要，对后续的混凝土浇筑影响最大，是保证成品形状、刚度等极为重要的一环，最终保证整个混凝土塔架工程的顺利进行。

（6）钢筋验收

1）受力钢筋的连接方式应符合规范及设计要求，当有抗震设防要求时，箍筋加密区域内不得进行钢筋连接。采用目测或尺量的方法对全部钢筋接头进行检查。

2）为保证钢筋的力学性能，以及绑扎完成的钢筋笼质量，应根据国家相关规范的规定抽取钢筋机械连接及焊接接头试件做力学性能检验，其质量应符合国家规

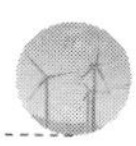

图 3－15　专用钢筋笼绑扎工装

范的相关规定，试验报告结论应为合格。按照规范要求对全部接头外观进行检查，不合格的应修复或返工。

3）同一构件中相邻纵向受力钢筋的绑扎搭接接头要求应相互错开布置，且横向净距不应小于钢筋直径，且不应小于 25mm。同一连接区段内，纵向受力筋绑扎搭接接头面积百分比不宜超过 25%。

4）钢筋接头的强度取决于钢筋的配筋方式和接头的布置方式，如果钢筋接头采用依次排列的方式，很容易造成钢筋的拉断或剪切，将会产生安全隐患。为了避免这种现象的发生，要求钢筋接头设置在同一构件内时要相互错开。当设计无要求时，同一连接区域内，纵向受力钢筋的接头面积百分率不宜大于 50%。检查方法为通过观察和尺量，取总构件数量的 10%，且不少于 3 件。

5）钢筋接头位置应在受力较小处，不应设置在应力集中和钢筋加密的位置，同一纵向受力钢筋不宜设置两个或两个以上的接头，接头末端至钢筋弯起点的距离应不小于钢筋直径的 10 倍。

6）钢筋笼在质量检验合格后再入模或封模。吊运时宜采用多点起吊，吊点应进行加固。

7）钢筋骨架制作安装尺寸允许偏差如表 3－7 所示，根据规范要求，抽查数量为 10%，且受力钢筋保护层厚度的合格点率应达到 100%。

3.3.3　混凝土浇筑工程

混凝土浇筑是将混凝土浇筑入模板中，直到塑化的整个过程，是将前面所说的混凝土、模板、钢筋结合到一起的过程，使混凝土塔架环片成型的过程。

钢筋骨架制作安装尺寸允许偏差　　表 3－7

项目		允许偏差（mm）	检验方法
焊接钢筋网	长、宽	±25 和规定长度和宽度的±0.5%的较大值	尺量
	网眼尺寸	±10 和规定间距的±5% 的较大值	尺量连续三档，取最大偏差值
	对角线差	规定对角线的±0.5%	尺量
绑扎钢筋网	长、宽	± 10	尺量
	网眼尺寸	±20	尺量连续三档，取最大偏差值
钢筋骨架	长（弧长）	± 10	尺量
	宽	±5	尺量
	竖向高度	±5	尺量
	水平（横向）钢筋间距	± 10	尺量两端、中间各一点，取最大偏差值
	竖向（纵向）钢筋间距	± 10	
	钢筋弯起点位置	≤20	尺量
	保护层厚度	±5	尺量
	预留插筋外露长度偏差	−5 ，+10	尺量
预埋件	中心线位置	5	尺量
	水平高差	≤2	塞尺、水平尺或激光水准仪测量

（1）混凝土浇筑前，应做如下准备工作：

1）模板安装、钢筋绑扎及连接、预埋件安装及定位等工作均应验收合格，满足设计要求，完成隐蔽工程验收等相关工作。

2）为保证浇筑工作按照技术方案有序进行，确保混凝土塔架环片成品质量，设计人员或技术负责人应对混凝土浇筑人员进行技术交底，确保所有操作人员理解、熟悉工作技术要求，能够按照技术要求完成浇筑工作。

3）班组长根据技术文件的要求，对施工现场进行检查，确保施工现场满足技术文件要求，具备实施条件。施工单位填报浇筑申请单后，经监理工程师签字确认后方可浇筑。

4）对施工机械进行检查，如泵车、吊车、附着式振捣器、振捣棒等设备，均应具有合格证书且年检合格，运转正常。

5）应检查混凝土送料单，核对混凝土配合比是否满足设计要求，确认混凝土强度等级、运输时间、坍落度等是否满足设计及国家规范的要求，确认无误方可进行浇筑。

6）为保证保护层厚度满足设计要求，需在钢筋笼外部安装垫块，垫块强度宜与混凝土塔架环片混凝土强度一致，且位置分布能够保证预制环片保护层厚度满足设计图纸要求，如图 3－16 所示。无设计要求时，保护层厚度不小于内侧 20mm、外侧 25mm，允许偏差±5mm。推荐采用圆形垫块，不推荐采用方形和塑料垫块。方形垫块绑扎后，在接触模板或受到外力冲击时容易发生位置的移动和破损，导致局部保护层厚度达不到设计要求；塑料垫块在受外力时容易发生移位，同时由于材质与混凝土塔架环片材质不一致，易出现收缩幅度不一致而产生缝隙，在雨、雪、雾等湿度较大的天气情况，易出现有水分渗入混凝土塔架环片内部的情况，有可能导致其内部钢筋受到腐蚀，影响混凝土塔架整体强度。

图 3－16　常用垫块

7）应将模板内的杂物清除干净（垃圾、泥土、钢筋上的锈迹和油污等），检查钢筋的水泥砂浆垫块、塑料垫块是否完好、位置是否正确。

8）为保证混凝土的质量和性能，混凝土浇筑时室内环境温度不宜高于 35℃，不宜低于 5℃；当室内环境温度连续 5d 低于 5℃时采用冬期施工方案。

9）混凝土运输、输送、浇筑过程中禁止加水，并且在运输、输送、浇筑过程中散落的混凝土禁止用于混凝土塔架环片浇筑施工。

泵送混凝土是用混凝土泵或泵车将混凝土拌合物通过管道运输或浇筑的过程，是一种有效的混凝土拌合物输送方式，具有速度快、节省劳动力的优点。混凝土塔架环片的浇筑优先选用泵送混凝土的方式进行浇筑。泵送混凝土需注意事项如下：

①输送混凝土的管道、容器、溜槽不应吸水、漏浆，并应保证输送畅通，输送过程中应根据工程实际环境情况采用保温、隔热或防雨等措施。

②输送泵输送混凝土应先进行泵水检查，合格后应清除系统内积水。浇筑前应湿润输送泵的料斗、活塞等直接与混凝土接触的部位。泵送混凝土前，应先输送混凝土砂浆进行润滑，然后再进行混凝土输送。在正式泵送混凝土前，应在集料斗内设置金属网罩，同时保证集料斗内有足够的混凝土。

（2）当前面的准备工作都完成后，可以正式进入混凝土浇筑施工，浇筑应保证混凝土的均匀性和密实性，保证一次连续浇筑完成，浇筑过程中的控制要点如下：

1）混凝土浇筑应分层浇筑，每层厚度约200~300mm，上层混凝土浇筑应在下层混凝土初凝前浇筑完毕。

2）为保证混凝土特性的稳定性，混凝土运输、浇筑入模的过程应连续，时间不宜超过2h。加入早强剂的混凝土以及有特殊要求的混凝土，应按照设计要求，确定混凝土运输、浇筑入模的过程和时间。

3）混凝土浇筑后，在混凝土初凝和终凝前分两次对混凝土外露面进行抹面处理，要求外露面平整度偏差在2mm以内。

4）表面浮浆层厚度不应大于10mm，表面抹平不应有气泡、浮浆或较大砂石露出。

5）每班组或每批次进行同条件及标准试块取样，各3组，应标记清楚且妥善保管，同时进行不少于1次坍落度检测。

6）浇筑过程中应注意观察，确保模板锁紧装置有效，稳定，避免出现跑模、漏浆的现象。

（3）混凝土浇筑过程中，均会出现气泡，影响混凝土强度及观感质量，所以需要采用振捣的方式排出气泡。混凝土浇筑过程中可以通过振捣排除气泡，达到保证混凝土的强度和保证混凝土成品质量的目的。振捣混凝土的作用包括：

1）排除气泡：振捣可以破坏其内部的絮凝结构，使混凝土中的水泥浆流动性增加，颗粒重新排列，排除气泡，达到减少气孔的目的，使混凝土实体观感质量更优。

2）增加混凝土密实度：振捣可以使混凝土内部的气泡向上浮动而排出，使粗、细骨料颗粒相互充实并充满模板内部，减少孔隙率，以达到提高混凝土的密实度的目的，同时可以提高混凝土表面平整度。

3）提高混凝土强度：通过振捣可以使混凝土内部结构发生变化，更加密实、

紧密，达到提高混凝土强度的目的。

4）提高混凝土耐久性：通过振捣可以使混凝土结构更加密实和均匀，降低了混凝土产生裂缝的可能性，达到增加混凝土耐久性目的，同时还可以提供成品件的抗腐蚀性能。

（4）混凝土塔架环片制造要求混凝土在浇筑过程中必须振捣，应采用附着式振捣器加振捣棒辅助的方式进行振捣，以提高混凝土密实度、强度及抗腐蚀性，保证混凝土浇筑的质量。混凝土振捣应注意的技术要点如下：

1）振捣应在整个模板内部全方位进行振捣，要求混凝土密实、均匀，振捣不应漏振、不应欠振、不应过振。

2）当采用振捣棒进行振捣时，应垂直插入并快插慢拔均匀振捣，随着混凝土浇筑而逐层进行振捣，振捣棒前端应插入前一层浇筑的混凝土 50mm，当表面无明显起伏或者凹陷、出现浮浆、气泡排除时可结束振捣。振捣时，振捣棒与模板的距离应控制在插入式振捣棒振捣范围的 0.5 倍以内，振捣棒不能与钢筋、预埋件及预埋管接触，振捣棒插入点位应均匀，间距不应大于作用半径的 1.4 倍。振捣时间控制在 10~30s 内，当混凝土拌合物表面出现泛浆，基本无气泡逸出，可视为捣实。

3）采用附着式振捣器时，附着式振捣器应与模板紧密连接，设置间距应通过试验确定。根据混凝土浇筑高度和浇筑速度，依次从下往上振捣。同时使用多台附着式振捣器时，应使各振动器的频率一致，并应交错设置在相对面的模板上。

4）门框、螺栓孔等预留孔洞区域为应力集中区域，为保证该区域混凝土强度，应采用振捣棒加强振捣，避免出现不密实、空洞现象的发生。

5）顶段过渡垫板下部等钢筋密集区域应选用小型振捣棒、附着式振捣器辅助、加密的振捣方式，适当延长振捣时间，确保混凝土充满其内部。

3.3.4　混凝土养护工程

混凝土养护是通过人工的方式为浇筑完成的混凝土塔架环片创造一个适合的湿度和温度的环境，保证混凝土能够按照正常的进程进行硬化，最终达到设计要求强度的一项措施。为混凝土硬化创造湿度和温度是为了保证混凝土水化反应的需要。混凝土施工时多数情况实际环境是不满足其水化需要的温度和湿度要求的，会造成混凝土龟裂和脱落、强度降低、耐久性下降的缺陷，这就需要人为地创造条件对混凝土进行养护。

混凝土养护对于保证混凝土的质量和性能具有重要作用，正确的养护方法不仅能够增强混凝土的强度，还可以提高其耐久性，养护方法主要分为三种，一种是保湿养护，一种是养护液养护，一种是蒸汽养护。

（1）保湿养护：该方法是最为常见的养护方法，通常是进行洒水、覆盖土工布、草帘或塑料薄膜等方法保证混凝土表面湿润，如图 3－17、图 3－18 所示。

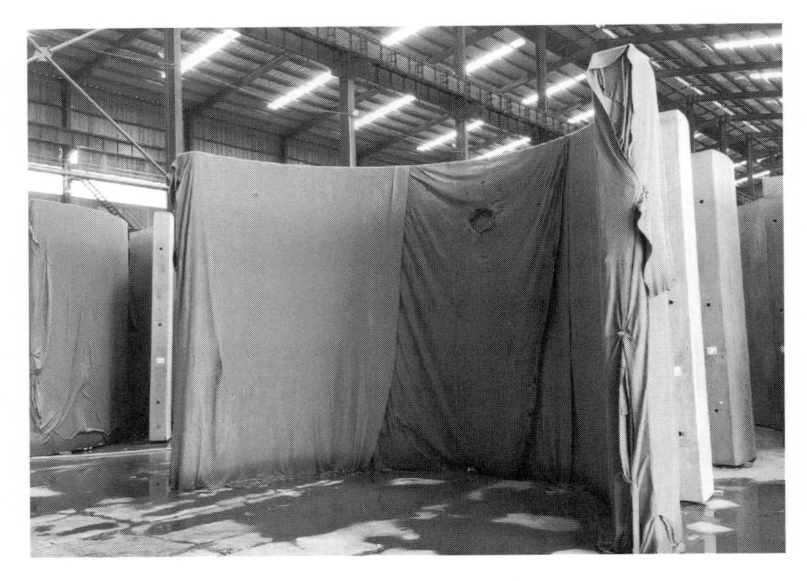

图 3－17　混凝土塔架环片覆盖保湿养护

图 3－18　混凝土塔架环片洒水养护

（2）养护液养护：该方法是针对高耸构筑物或者大体积混凝土等不适用洒水养护的场景，将树脂塑料溶液采用专业喷洒设备均匀喷洒在混凝土表面，树脂塑料溶液具有挥发性，待水分挥发后在混凝土表面形成一层薄膜，将混凝土与外界隔离，阻止混凝土内部的水分蒸发流失，保证混凝土内部水化反应的正常进行，养护完成后树脂养护膜自行老化脱落，如图 3－19 所示。

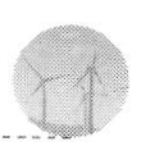

图3－19　混凝土塔架环片养护液养护

（3）蒸汽养护：该方法是将混凝土构件放置在充满饱和蒸汽或蒸汽与空气混合的养护室内，在一定的温度和湿度环境中加速混凝土硬化的一种方法，养护效果与蒸汽养护前静置时间、升温和降温速度、养护温度、恒温养护时间、相对湿度等有关，蒸汽养护有坑式、立窑和隧道式等。

针对混凝土塔架制造中混凝土塔架环片的养护，在混凝土浇筑完成后应及时进行保湿养护，可采用洒水、覆盖、喷涂养护剂等方式。选择养护方式应考虑预制厂技术条件、施工条件、环境温度、环境湿度及构件特点等因素，建议条件允许的情况下混凝土塔架混凝土养护优先采用蒸汽养护的方式进行养护，其次采用保湿养护的方式。

（4）养护方式选择：混凝土施工可采用浇水、覆盖保湿、喷涂养护剂、冬季蓄热养护等方法进行养护。为了保证混凝土塔架环片质量符合设计要求，满足工程需要，混凝土塔架制造厂可采用蒸汽养护、湿热养护或潮湿自然养护等方法进行养护。保湿养护可采用塑料薄膜覆盖养护，混凝土塔架环片全部表面应覆盖严密，并应保持膜内有凝结水的产生；采用养护剂养护时，应通过试验检验养护剂的保湿效果，可以达到设计效果时才可以实施。

（5）养护时间：

1）采用硅酸盐水泥、普通硅酸盐水泥或矿渣硅酸盐水泥配制的混凝土塔架环片，养护时间不应少于7d；

2）采用缓凝型外加剂、大掺量矿物掺合料配制的混凝土塔架环片，养护时间不应少于14d；

3）有抗渗要求且混凝土强度等级 C60 及以上的混凝土，养护时间不应少于 14d；

（6）当混凝土强度达到设计强度等级值的 50% 及以上，且满足设计要求时，方可脱模。混凝土强度达到 1.2N/mm^2 前，不得在其上踩踏、堆放荷载、安装模板及支架。

（7）混凝土塔架环片脱模后，应监控和记录温度，控制环片表面与室外温差不高于 20℃，方可运至室外进行养护，若温差大于 20℃则可在室内静置，待温差不大于 20℃时可运至室外进行养护。

（8）洒水养护应在混凝土外表面覆盖土工布后进行，也可直接洒水、蓄水等养护，整个养护过程要保证混凝土塔架环片一直处于湿润状态，养护用水应满足现行行业标准《混凝土用水标准》JGJ 63 的有关规定，未经处理的海水严禁用于养护。同时，当日最低气温低于 5℃时，不应采用洒水养护的方法。

（9）浇筑完成后裸露面应进行覆盖养护，覆盖养护应在混凝土裸露表面覆盖塑料薄膜、塑料薄膜加土工布等方式，覆盖严密，塑料薄膜要求紧贴混凝土表面，应保持薄膜内部有凝结水。也可采用喷涂养护剂进行养护，喷涂养护剂进行养护应在混凝土表面均匀喷洒养护剂，不得遗漏。养护剂必须通过试验确定其具有可靠的保湿效果，使用方法按照产品说明书要求使用。

（10）混凝土塔架浇筑外露面的表面采用塑料薄膜覆盖养护时多会产生凝结水，产生凝结水的位置在养护过程中会出现凹陷的情况，为了保证混凝土塔架环片外观的美观性和平整度（偏差控制在 2mm 内），往往后期需要打磨处理，不仅增加了施工成本、破坏了混凝土塔架的美观性，还有可能由于打磨使得混凝土保护层厚度达不到设计要求而降低其强度，采用蒸汽养护完全可以避免这类问题的发生，所以建议各生产厂商配备混凝土蒸汽养护设备，以提高混凝土塔架的养护效率及效果。

（11）施工现场必须具备混凝土标准试件制作的条件，并应按照国家标准要求进行养护，按照要求设置在标准养护室或养护箱内。同时，同条件养护试件的养护条件要求与混凝土塔架环片实体养护条件相同，并应采取合适的措施进行保管。要求每班组或每批次进行标准及同条件试块取样，标准养护试块三组，同条件养护试块三组，同时进行不少于一次坍落度检测。

（12）混凝土养护过程应详细记录。

（13）当混凝土试件强度评定不合格时，应委托有资质的第三方检测机构按照国家现行有关标准规范的规定对混凝土塔架环片的混凝土强度进行检测评定，仍不

合格则对该批次混凝土浇筑的混凝土塔架环片进行报废处理。

3.4　冬期施工

冬期施工是指在室外日平均气温连续 5d 稳定低于 5℃或低于 0℃之下的施工过程。混凝土结构工程在冬期施工时，由于温度降低，水泥水化作用的速度减慢，导致混凝土强度增长受到影响。

当温度降低到 0℃时，混凝土中的水部分开始结冰，参与水泥水化作用的水减少，导致强度增长减慢。当水完全结冰时，水泥水化作用基本停止，强度不再增长。水变成冰后体积增大 9%，产生膨胀应力，可能超过混凝土的初期强度，导致混凝土破坏。冰凌在骨料和钢筋表面形成，减弱水泥浆与骨料和钢筋的粘结力，影响混凝土抗压强度。

冬期施工搅拌混凝土时，宜优先采用加热拌合用水搅拌的方法提高拌合物温度，也可同时采用加热骨料的方法提高拌合物温度。当拌合用水和骨料加热时，拌合用水的加热温度不应超过 60℃，骨料的加热温度不应超过 40℃；当骨料不加热时，拌合用水可以加热到 60℃以上，但不宜超过 80℃。应先投入骨料和热水进行搅拌，然后再投入胶凝材料等共同搅拌。北方地区有冬期施工要求时，粗细骨料仓和上料斗仓应设置必要的保温覆盖措施和加热措施，确保混凝土拌合物温度达到生产工艺控制技术要求。

冬期施工时，混凝土浇筑后应及时覆盖保温养护，确保养护温度不低于 5℃，宜采取加热养护措施促进混凝土强度增长；混凝土受冻前的强度不宜小于设计强度的 30%，混凝土达到脱模强度要求后方可脱模，且脱模后混凝土表面温度与环境温度相差不宜大于 20℃。拆模后应及时覆盖保温，有条件应存放在温度较高的厂房内进行养护。当混凝土强度达到设计强度等级的 70%时，可撤除养护措施，但出厂时混凝土强度应达到设计强度等级要求。

3.5　出厂验收质量控制点

混凝土塔架环片是风电机组塔筒的一部分，可以认为是一个产品，其出厂应为合格产品，所以出厂前均需要验收合格；以保证其满足设计和技术文件的要求。通过验收可以有效地避免因混凝土塔架环片质量问题而引发的施工事故和质量问题，保证生产工艺的稳定性和产品的一致性。通过成品的质量验收，可以保证产品质量满足设计和技术文件的要求，可以及时发现环片存在的质量问题，及时采取措施进行处理，保证环片的质量。通过成品的质量验收，可以有效提高工作效率，减少混凝土塔架环片到场后的维修成本，提高现场混凝土塔架环片的拼装、吊装等施工效率。合格的产品才能建设成合格的工程，才能保证后续施工、运行的高质量和安全性。

3.5.1 出厂验收

混凝土塔架环片出厂验收至关重要，是混凝土塔架生产的最后一个环节，要求对100%混凝土塔架环片进行检查，其主要控制点如下：

（1）环片预埋件无堵塞、无锈蚀，位置、规格与技术文件一致。

（2）环片外观状态检查：内外表面无色差、蜂窝、孔洞、裂缝、损伤等缺陷。

（3）环片钢筋保护层厚度测量检查：

1）4P型式：在每片预制混凝土塔架环片上最少均匀布置12个点（例如：外表面6点，内表面6点）；

2）3P、2P型式：每片均匀布置18点（外表面9点，内表面9点）；

3）整环型式：均匀布置18点（外表面9点，内表面9点）；

4）保护层厚度满足设计要求，但不小于内侧20mm，外侧25mm，允许偏差±5mm，如图3－20所示。

图3－20　混凝土塔架环片保护层厚度出厂检查

（4）环片尺寸检查：混凝土预制构件外观及尺寸偏差的检验方法参照技术文件，无技术文件时参照下列偏差值及检验方法：

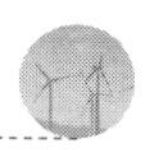

1）外观质量，不应有严重缺陷，不宜有一般缺陷，要求预制厂按照设计单位提供的缺陷处理方案进行处理，并应重新进行验收，混凝土塔架环片外观质量缺陷如表3－8所示。

混凝土塔架环片外观质量缺陷　　表3－8

序号	名称	现　象	严重缺陷	一般缺陷
1	露筋	构件内钢筋未被混凝土包裹而外露	构件内外弧面有露筋	构件其他部位（底部、顶部及C形构件端部）有少量露筋
2	蜂窝	混凝土表面缺少水泥砂浆而形成石子外露	构件主要受力部位蜂窝	其他部位有少量蜂窝
3	孔洞	混凝土中孔穴深度和长度均超过保护层厚度	构件主要受力部位有孔洞	其他部位有少量孔洞
4	夹渣	混凝土中夹有杂物且深度超过保护层厚度	构件主要受力部位有夹渣	其他部位有少量夹渣
5	疏松	混凝土中局部不密实	构件主要受力部位有疏松	其他部位有少量疏松
6	裂缝	缝隙从混凝土表面延伸到混凝土内部	构件主要受力部位有影响结构性能或使用功能的裂缝	其他部位有少量不影响结构性能或使用功能的裂缝
7	连接部位缺陷	构件连接处混凝土缺陷及连接钢筋、连接件松动	连接部位有影响结构传力性能的缺陷	连接部位有基本不影响结构传力性能的缺陷
8	外形缺陷	缺棱掉角、棱角不直、翘曲不平、飞边凸肋等	混凝土构件有影响使用功能或装饰效果的外形缺陷	其他混凝土构件有不影响使用功能的外形缺陷
9	外表缺陷	构件表面麻面、掉皮、起砂、沾污等	具有重要装饰效果的混凝土构件有外表缺陷	其他混凝土构件有不影响使用功能的外表缺陷
10	隔离剂残留	构件定位锥孔洞、C形构件端部残留油性隔离剂	残留隔离剂影响构件拼接牢固性、预应力张拉系统有效性，且难以清除	残留少量隔离剂，不影响拼接传力性能，且易清除

2）构件顶面不宜有浮浆、松动石子，观察检查。

3）筒壁厚度偏差±4mm，尺量。

4）混凝土塔节直径偏差±4mm，尺量。

5）预埋件中心位移≤2mm，尺量。

6）顶部埋件平整度2mm，扫平仪检查。

7）预留孔洞中心线偏差≤2mm，经纬仪和尺量；预留孔洞截面尺寸偏差0~

2mm，尺量。

（5）环片表面弧度检查，参照技术文件，无技术文件时参照下列偏差值，如图3－21所示。

图3－21 混凝土塔架环片尺寸出厂检查

1）整环要求环片上口、下口按照“米”字形测量直径，允许偏差±2mm。

2）分片型式，测量环片上口、下口弦长，允许偏差±2mm。

（6）参照设计文件、合同等文件，对环片外观字体、标识、编码、预制日期等检查。

（7）环片强度检查：

1）4P型式：每片均匀布置12点（外表面6点，内表面6点）。

2）3P、2P型式：每片均匀布置18点（外表面9点，内表面9点）。

3）整环型式：均匀布置18点（外表面9点，内表面9点）。

4）每个点位划定20cm×20cm区域，测16个数值，去掉3个最大值、去掉3个最小值，剩下10个数值求平均值。

5）见证出厂环片回弹测试，预制构件运输前其混凝土强度不应低于设计强度等级值的75%。

（8）生产企业应配有一套试拼装平台（与施工现场拼装工装一致），第一套混凝土塔架发货前应对每一环进行预拼装，混凝土环片拼装后整环上表面水平度偏差不得高于2mm，满足标准和设计要求视为合格。

混凝土塔架环片出厂除应进行验收外，还需对资料进行复核，核实出厂质量证明文件是否齐全，是否与混凝土塔架环片实体一致；检查混凝土强度检验报告，是

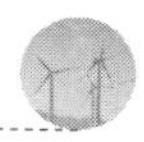

否满足设计要求；核对随车构件清单是否遗漏。

混凝土塔架出厂质量验收清单，如表 3－9 所示。

混凝土塔架出厂质量验收清单　　　　**表 3－9**

<table>
<tr><th>序号</th><th colspan="2">检查项目</th><th colspan="2">质量标准</th><th>检验方法及器具</th></tr>
<tr><td>1</td><td colspan="2">外观质量</td><td colspan="2">1）无色差、蜂窝、孔洞、裂缝、损伤等缺陷；
2）顶面不宜有浮浆、松动石子；
3）标志标识</td><td>观察检查</td></tr>
<tr><td>2</td><td colspan="2">壁厚偏差</td><td colspan="2">±2mm</td><td>尺量检查</td></tr>
<tr><td>3</td><td colspan="2">高度偏差</td><td colspan="2">±2mm</td><td>尺量检查</td></tr>
<tr><td rowspan="2">4</td><td rowspan="2">弦长
（分片式）</td><td>内弦长</td><td colspan="2">±2mm</td><td rowspan="2">尺量检查，抽取环面底部、顶部 2 点，取数据中的偏差最大值</td></tr>
<tr><td>外弦长</td><td colspan="2">±2mm</td></tr>
<tr><td rowspan="2">5</td><td rowspan="2">直径
（环形）</td><td>内直径</td><td colspan="2">±4mm</td><td>尺量检查</td></tr>
<tr><td>外直径</td><td colspan="2">±4mm</td><td>尺量检查</td></tr>
<tr><td>6</td><td colspan="2">对角线（分片式）</td><td colspan="2">±2mm</td><td>尺量检查</td></tr>
<tr><td>7</td><td colspan="2">定位销孔直径</td><td colspan="2">≤2mm</td><td>尺量检查</td></tr>
<tr><td>8</td><td colspan="2">外壁弧长</td><td colspan="2">≤2mm</td><td>尺量，抽取环面底部、中、顶部 3 点，取数据中的偏差最大值</td></tr>
<tr><td>9</td><td colspan="2">端面平整度</td><td colspan="2">≤2mm</td><td>靠尺、尺量检查</td></tr>
<tr><td>10</td><td colspan="2">预埋件中心位置</td><td colspan="2">≤2mm，无堵塞、无锈蚀</td><td>钢尺检查</td></tr>
<tr><td>11</td><td colspan="2">预埋管中心位置</td><td colspan="2">≤2mm，无堵塞、无锈蚀</td><td>钢尺检查</td></tr>
<tr><td rowspan="2">12</td><td rowspan="2">预留孔洞</td><td>中心位置</td><td colspan="2">≤2mm，无堵塞、无锈蚀</td><td>钢尺检查</td></tr>
<tr><td>直径</td><td colspan="2">≤2mm</td><td>钢尺检查</td></tr>
<tr><td rowspan="3">13</td><td colspan="2" rowspan="3">预留门洞</td><td>中心线位置</td><td>≤5mm</td><td>钢尺检查</td></tr>
<tr><td>尺寸</td><td>0~5mm</td><td>钢尺检查</td></tr>
<tr><td>下口最低标高偏差</td><td>±5mm</td><td>水准仪、钢尺检查</td></tr>
<tr><td>14</td><td colspan="2">保护层厚度</td><td colspan="2">满足设计要求，但不小于内侧 20mm，外侧 25mm，允许偏差±5mm</td><td>1）4P 型式：每片均匀布置 12 点（外表面 6 点，内表面 6 点）；
2）3P、2P 型式：每片均匀布置 18 点（外表面 9 点，内表面 9 点）；
3）整环型式：均匀布置 18 点（外表面 9 点，内表面 9 点）；
4）钢筋保护层测试仪</td></tr>
</table>

续表

序号	检查项目	质量标准	检验方法及器具
15	混凝土塔架强度检查	预制构件运输前期混凝土强度不应低于设计强度等级值的75%	1）4P型式：每片均匀布置12点（外表面6点，内表面6点）。 2）3P、2P型式：每片均匀布置18点（外表面9点，内表面9点）。 3）整环型式：均匀布置18点（外表面9点，内表面9点）。 4）回弹仪测量
16	资料检查	1）质量证明文件； 2）混凝土强度检验报告； 3）随车构件清单	

3.5.2 缺陷处理

（1）一般缺陷修整

1）蜂窝、孔洞、夹渣、疏松、外表面缺陷，应凿除胶结不牢固部分的混凝土，清理表面，洒水湿润后用1：2~1：2.5的水泥砂浆找平；

2）裂缝应封闭处理。

（2）混凝土塔架环片强度缺陷

按照3.5.1中方法进行强度检查不满足设计要求时，应进行钻心检测，结果仍不合格则判定该环片不合格，作报废处理；同时对该批次混凝土环片进行复检，复检合格才可放行出厂，否则进行报废处理。

（3）裂缝处理

1）裂缝宽度小于0.2mm且深度小于实测保护层厚度。

①采用表面封闭措施，使用毛刷反复在裂缝处涂刷灌缝结构胶，直至灌缝结构胶封闭裂缝，封闭后灌缝胶涂刷厚度不小于2mm。

②表面防护：将调配好的环氧云铁漆进行第一遍表面喷涂，第一遍可采用薄涂，喷涂厚度不小于30μm；待第一遍喷涂完毕后静置15~20min，喷涂第二遍环氧云铁漆，喷涂厚度不小于50μm；待第二遍喷涂完毕后静置8h以上方可喷涂脂肪族聚氨酯面漆，喷涂厚度不小于50μm。

2）裂缝宽度在0.2~0.3mm之间且深度小于实测保护层厚度。

采用压力注胶法，低压注射灌缝结构胶，直至灌缝结构胶填充满裂缝，待胶液

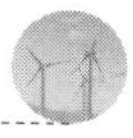

固化后，在外侧做防护涂层（对接面上裂缝除外）。具体工序如下：

①压力注胶：裂缝打磨，用角磨机沿裂缝进行打磨处理，以增加接合面附着力，打磨宽度沿裂缝两侧不小于30mm；基面清理，采用酒精或丙酮对打磨面进行清理；采用封缝结构胶粘贴低压注射器底座，底座需骑在裂缝处，且不得封堵底座灌注口，底座分布原则对两侧均贯通裂缝在边缘处应布置2个底座，对于单侧贯通缝可布置1个底座；沿裂缝用封缝胶将裂缝全部封闭，封闭宽度不小于20mm；将灌缝结构胶按比例进行调配，调配好的结构胶吸入注射器内并用卡扣卡紧；将注射器安置于底座上，放开卡扣进行低压自灌注，待注射器稳定不推进后静置30min后方可拆下注射器，并用封堵器将底座封堵；24h后方可将底座拆下。

②表面防护：按照1）中②表面防护方法进行防护处理。

③裂缝宽度大于0.2mm且深度大于实测保护层厚度按照报废处理。

（4）保护层厚度缺陷处理

采用3.5.1中检测方法对混凝土塔架环片进行检测，保护层厚度不满足设计要求时则报废处理。

（5）平整度缺陷

按照5.1中方法进行检测，平整度偏差不应大于2mm。当环片顶面平整度偏差处于3~5mm时，需进行打磨处理，打磨处理后进行保护层厚度检测，检测合格后可发货，若保护层厚度不合格则按废片处理。当环片顶面平整度大于5mm时，应会同设计单位共同制定专项修整方案，结构修整后应重新检查验收。

（6）混凝土塔架环片掉块

当混凝土塔架环片掉块深度小于5mm时，在清除混凝土表面浮灰等杂物后，可直接用结构胶进行修补；当掉块深度在5~25mm之间，长度和宽度大于200mm时做报废处理，不大于200mm时采用Ⅰ级聚合物改性水泥砂浆修补，养护期不低于5d或强度不低于40MPa；当掉块深度大于25mm时按照报废处理。

（7）表面气孔

气孔直径最大不大于5mm，且深度不大于2mm，气孔分散且每平方米内气孔面积不大于20cm^{2}的情况可进行修补，其他情况按照报废处理。应采用Ⅰ级聚合物改性水泥砂浆进行修补，修补工序为基面清理—修补处理—表面养护，具体施工工艺如下：

1）基面清理：清除气孔内部及周边的灰尘、浮渣和松散混凝土，必要时先进行打磨处理，并应露出混凝土坚硬基面；

2）修补处理：采用抹涂施工，应提前充分润湿混凝土待修补基面，基面不得有空鼓和脱落现象，当砂浆层抹涂厚度超过 10mm 时，应分层涂抹，每层抹面厚度宜为 5mm，且应待前一层触干后再进行下一层施工；

3）表面养护：当水泥砂浆表面干燥后，应立即进行洒水或养护剂养护，具体养护方法同环片自身养护措施。

第4章 风电项目混凝土塔架运输关键技术

风电项目场内道路应按照环片运输车辆的要求合理设置转弯半径及道路坡度。场内应设置混凝土塔架环片存放堆场，地面应坚实平整，并有排水措施。混凝土塔架环片装卸、吊装工作范围内不应有障碍物，并应有满足混凝土塔架环片周转使用的场地。混凝土塔架环片运送到施工现场后，应按规格、使用部位、吊装顺序进行堆放。存放场地应设置在吊车的有效起重范围内，并设置通道。应对预留孔道、暗榫的端口用专用保护塞进行封堵，避免水、粉尘或碎屑引起腐蚀或堵塞。

4.1 运输道路设计要求

4.1.1 设计要求

（1）运输道路应满足风电场建设期的施工及设备运输、运营期的检修维护要求。

（2）运输道路设计速度除特殊说明外，应不高于15km/h。

（3）运输道路抗震标准应符合现行行业标准《公路工程抗震规范》JTG B02的有关规定。

（4）运输道路应采取经济、有效的工程措施或植物措施，尽量减少因道路修建给沿线生态环境造成的不利影响。

（5）道路用地应遵照保护、开发土地资源，合理利用土地，切实保护耕地，促进社会经济可持续发展的原则，合理拟定道路建设规模、技术指标、设计施工方案，确定道路用地范围。

4.1.2 道路参数

（1）道路横断面

1）路基横断面应由车道和路肩组成。

2）路基宽度应为车道宽度与两侧路肩宽度之和。场内施工运输道路路基宽度应符合规定，如表4－1所示。

场内施工运输道路路基宽度 **表4－1**

道路等级		路基宽度（m）	车道宽度（m）	单侧路肩宽度（m）
干线道路	一般值	6.00	5.00	0.50
	极限值	5.50	5.00	0.25
支线道路	一般值	5.00	4.00	0.50
	极限值	4.50	4.00	0.25

注：1.“一般值”为正常情况下的采用值；“极限值”为条件受限制时可采用的值。
2. 道路外侧为陡坡、陡崖、遇不良地质体或填高较大时应适当加宽。
3. 设计时应根据实际运输车辆、设备尺寸进行校验。
4. 检修道路宽度不宜小于3.5m。

3）路基压实度大于0.94，如为灾害性土质如软土、湿陷性黄土需要用承载能力良好的石料进行路基回填。场内道路需设置错车道，可利用岔路、转弯等进行设置。

4）为保证路面排水，路面须设置横坡，横坡不超过3%（2°）。

（2）平曲线

1）采用平板挂车运输时，圆曲线最小半径宜按混凝土塔架环片的运输尺寸进行设计。圆曲线最小半径应符合规定，如表4－2所示。

圆曲线最小半径 **表4－2**

设计条件		Ⅰ类		Ⅱ类		Ⅲ类	
		内弯	外弯	内弯	外弯	内弯	外弯
圆曲线最小半径（m）	一般值	50	40	35	30	30	25
	极限值	40	35	30	25	25	20

注：1. Ⅰ类条件叶片采用平板半挂车运输工况；Ⅱ类条件为塔筒采用平板半挂车运输工况；Ⅲ类条件为塔筒采用后轮转向车运输工况。
2. 内弯为运输车辆扫尾区有障碍物时弯道，外弯为运输车辆扫尾区无障碍物时弯道。
3. 根据实际采用运输车辆尺寸参数确定圆曲线最小半径，实际运输车辆尺寸差别较大时应进行单独设计。
4.“一般值”为正常情况下的采用值；“极限值”为条件受限制时可采用的值；设备尺寸较大时不应采用极限值。

2）圆曲线最小长度不宜小于15m。

3）两圆曲线间直线长度不宜小于15m。

（3）纵断面

1）纵坡坡度

新建干线道路最大纵坡不宜大于 12%，支线道路最大纵坡不宜大于 15%。道路纵坡不宜小于 0.3%。

2）纵坡坡长

道路纵坡的最小坡长不应小于 40m；针对不同坡度道路不同纵坡坡长应符合规定，如表 4－3 所示。

道路不同纵坡最大坡长 **表 4－3**

纵坡坡度（%）		5～7	8～11	12～14	15～18
最大坡长（m）	一般值	600	300	150	100
	极限值	1200	600	300	200

注：“一般值”为正常情况下的采用值；“极限值”为条件受限制时可采用的值。

3）竖曲线

道路不同形式竖曲线长度值如表 4－4 所示。

道路不同形式竖曲线长度 **表 4－4**

项目		数值
凸形竖曲线最小半径（m）	一般值	200
	极限值	100
凹形竖曲线最小半径（m）	一般值	300
	极限值	200
竖曲线长度（m）	一般值	50
	极限值	20

注：1. “一般值”为正常情况下的采用值；“极限值”为条件受限制时可采用的值。
2. 叶片采用平板半挂车，塔筒采用低底板半挂车运输时，应根据运输尺寸进行校验。

4.2 混凝土塔架环片运输准备及装、卸车要求

混凝土塔架在预制场制作成型并具备运输条件后，应先进行出厂检查并记录检查结果，检查合格的产品方可进行运输。运输前应保证运输道路通畅且道路强度及路面情况能满足混凝土塔架环片的运输。运输过程中宜有专门车辆在运输车辆前进行指示并对其他车辆进行疏散。运输过程中应保证运输安全。运输至机位附近场地后经验收合格，采用混凝土塔架环片专用卸载工装进行卸货，对于不立刻使用的混凝土塔架环片应进行适当防护。

混凝土塔架环片的运输属于大件运输，需要编制专项运输方案，该方案需经运

输单位内部审查后报工程监理单位审核。大件设备运输构件分为四类，大型物件的级别按其长、宽、高和重量四个条件中级别最高的确定，按照混凝土塔架环片外形尺寸和重量，其运输类别属于二类、三类大型物件。

运输的总体原则有：

（1）组织有关技术人员，按照业主对塔筒的运输要求编制具体的运输方案，并对技术方案进行评审，确保方案的可行性、科学性和操作性。根据货物起运时间，发运前一周组织人员对道路进行实地勘察和调研，保证运输项目的顺利实施。

（2）根据业主要求，按照实际情况制定运输货物的起点到机位的公路运输路线，制定运输计划，并根据此计划，对车辆作合理优化安排。

（3）对运输工作拟投入的运输设备、机具进行严格的检查和保养，确保其状况良好，以便随时调遣及投入使用。运输前对运输车辆进行必要的检查，制定运输过程中的保护措施。按照具体运输方案准备运输设备及各种机具，并严格检验，实施运输的车辆、机具及人员应提前到位。

（4）对运输过程中的每一个环节进行认真细致的检查、计划、安排，并作好记录。对作业人员进行技术交底和安全培训，并做好交底记录和培训台账。

4.2.1 运输组织机构设置

（1）运输组织机构设置原则

为安全、优质、高效、按时完成运输任务，运输单位成立混凝土塔架运输小组，全面负责组织运输管理，确保本次运输作业在全过程中处于受控状态。

（2）运输作业组织

1）混凝土塔架运输小组作为运输单位代表行使权利，全面负责组织运输管理，确保构件在运输作业过程中处于受控状态。

2）运输单位指定专人担任运输组长，负总责。

3）混凝土塔架运输小组由技术、安全、质量、后勤保障等组成。由专人具体负责运输项目的各项工作。运输作业过程中组织各作业组，分别在装卸、运输作业过程中相互配合，前后衔接。

（3）运输时间

考虑现场施工实际情况，并结合施工方案和施工进度要求，吊装单位应提前48h将环片需求、数量、规格等内容，提前策划混凝土塔架环片到场计划，并及时通知监理单位、混塔预制厂、运输单位等相关管理人员，便于预制厂、运输单位按照施工现场的通知进行调整生产计划，安排装车发货。

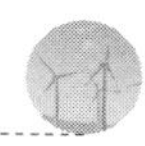

(4) 运输组织机构图，如图4-1所示。

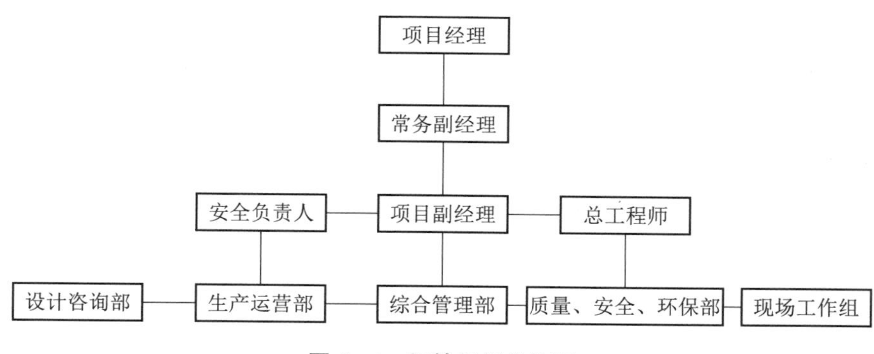

图4-1 运输组织机构图

4.2.2 运输方案编制原则

(1) 安全可靠性：安全可靠是运输方案的首要原则，为此在构件吊装、道路运输等方面，通过理论计算和实际勘察相结合，确保方案编制科学，数据准确，操作万无一失。

(2) 经济适用性：在运输方案的编制过程中，通过对多套运输方案进行经济对比，采取最优方案、最适合的运输设备，最大限度地减少运输成本，降低运输费用，确保本方案的经济适用性。

(3) 可操作性：在运输方案编制过程中，认真做好前期准备工作，对各种可能出现的风险进行科学评估，确保设备装载、运输、卸货等作业的顺利展开。

4.2.3 运输方式的选择

常见的运输方式：

混凝土塔架运输属于大件运输，大件运输是指运输过程中所涉及的货物体积或重量较大，需要特殊的运输方式和运输设备的一种运输方式，常见的运输方式主要有公路运输、水路运输和水陆结合运输三种方式。

1) 公路运输：是指通过公路将大件设备运至指定地点的运输方式，在运输中，需要根据货物的体积和重量选择不同的运输工具和设备。对于体积较大的货物，可以选择使用平板车、低平板车等运输车辆进行运输。对于重量较大的货物，需要使用起重机、吊车等设备进行装卸和倒运。该方式适合运输距离较短，且公路网比较发达地区。

2) 水路运输：是指通过河道、大海将大件设备运至指定地点的运输方式，在运输中，需要根据货物的体积和重量选择不同的运输工具和设备。对于体积较大的货物，可以选择使用散货船、滚装船等运输船舶进行运输。与公路运输相同，重量较大的货物，需要使用起重机、吊车等起重设备装卸、倒运。该方式适合运输距离较长，且水路网比较发达地区。

3）水陆结合运输：是指采用公路和水路相结合的运输方式，在运输中，需要根据货物的体积和重量选择不同的运输工具和设备。同时考虑运输便利条件及经济性等原因，采用水、陆结合的方式。该方式适合运输距离较长，且部分水路网、部分公路网比较发达地区。

现在市场上采用混凝土塔架的风电机组高度均在 140m 以上，最高可达 180m 以上，其中混凝土塔架段高度均在 100m 以上，每节塔片高度在 2.5~4m 之间，共由 40 多段组成，每片环片构件为 C 形或环形，构件结构比较复杂。其中最大环片单片重量在 30t 左右，最小重量 8t 左右，单套混凝土塔架总重在 1600t 以上，每套塔架需 50 辆车可以运载完成。考虑混凝土塔架环片的外形尺寸和重量，环片运输适合采用公路运输。

通过调研，混凝土塔架制造厂与风电场距离在 300km 左右时，经济性可控，所以各主机厂商建厂均在风电项目 300km 以内。并且，300km 以内属于短程运输，且国内公路路网比较发达，沿途可经过高速、国道、省道、乡道及风场内道路运至风机机位，考虑经济性，环片运输适合采用公路运输的方式。

各主机厂商为了适应国内道路运输的实际情况，将混凝土塔架设计成分片式，各环片尺寸均按照公路运输要求进行设计，符合国内道路的运输标准要求。

综上所述，考虑混凝土塔架环片的外形尺寸和重量，考虑运输的经济性，混凝土塔架环片运输推荐采用公路运输方式。

4.2.4 混凝土塔架环片公路运输需要注意的控制要点

混凝土塔架在出厂验收合格后运至发货装车区域，等待发货运输，根据事先编制好的运输方案进行运输准备，例如人员、场地、机械、车辆及辅助设施等。在正式运输前需进行道路运输勘察，依据现有运输线路的设计载具、设计时速、设计交通量通行能力、圆曲线最小半径、缓和坡段和纵坡技术标准，依据实际道路勘察结果，给出路勘报告和解决方案的过程。

（1）发货条件

1）业主单位要配合运输单位办理超限运输手续，手续齐全后方可正式开始运输。

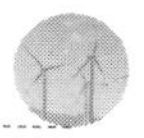

2）制造厂应根据预制混凝土环片结构形式，有针对性地设计专用运输工装，包括专用的混凝土塔架环片固定装置、吊具、可靠的环片保护措施，均应由预制厂或主机厂家提供，如图 4－2、图 4－3 所示。专用运输工装可以保证其在运输及装卸过程中不发生磕碰而造成混凝土塔架环片损坏的现象。结合工作经验及调研情况，专用吊具建议选用直螺纹形式，不建议选用鸭嘴式，鸭嘴式工装在使用过程中容易出现操作不当而破坏混凝土塔架环片本体，同时其易发生磨损，增加安全风险。

图 4－2　预制构件固定装置

3）根据道路、桥涵的宽度、承载能力、净空等限制，以及混凝土塔架环片的重量、尺寸等，按照厂家运输方案要求选择不同型号的运输车辆，应能满足远距离运输及限高、限宽的要求，预制构件运输车辆如图 4－4 所示。运输车辆必须取得机动车行驶证、道路运输许可证，车辆年检合格，出厂资料齐全，车辆性能良好，安全应急物资配备齐全，至少包含以下内容：1 个灭火器、6 个挡车器（三角枕木）、20 个警示锥筒/钢塔运输车辆、12 个警示锥桶/混塔运输车辆，50 个锥桶反光膜/队、1 个安全帽/人、1 台对讲机/人（配发 2 个备用对讲机/车队）、1 个太阳能旋转 LED 警示灯/车、3 个带有安全警示标志的伸缩护栏/队、1 件反光马甲/人，同时每位拦车人员反光马甲必须带有警示灯。应当安装、使用符合国家标准的行驶记录仪，以便对机动车行驶速度、连续驾驶时间以及其他行驶状态信息进行检查，同时对交通事故提供法律依据；车板需保证固定角铁正常焊接并与设备台车有效接触；车辆轮胎磨损标识须清晰可见，不得出现光胎、露丝。

4）根据混凝土塔架环片重量选择相匹配的吊车、吊带、吊具、工装等起重设备和工具。

（a）　　（b）

（c）

图 4-3　预制构件吊具

（a）直螺纹吊具；（b）安装完成吊具；（c）鸭嘴式吊具

（a）　　（b）

图 4-4　预制构件运输车辆

（a）运输车辆正面；（b）运输车辆后面

5）场外运输道路根据路勘报告提出的解决方案整改完成，风场内道路根据运输要求建设完成，且均经过运输单位现场实地踏勘，并确认已经满足运输要求。

6）司机要求驾驶证年检合格，取得运管部门核发的货运从业资格证，证件须在有效期内，具有三年以上大件运输经验，要求身体健康（1 年内的体检证明），经运输单位安全教育培训并考核合格，运输期间严禁饮酒、疲劳驾驶等影响安全驾驶的行为，合理安排运输任务。

7）项目负责人在运输前对吊装、运输人员进行技术交底和安全教育工作，并签字确认。项目经理确保项目安全投入和人员劳保用品的配备齐全，负责组织现场班前会，向运输人员宣贯运输作业内容、运输路线、运输风险和应对措施。

8）经验收合格的混凝土塔架环片已经在堆场发货区准备就绪。

9）满足混凝土塔架环片运输要求的运输车辆例行检查完成（车辆转向机构和制动器、轮胎气压、仪表、灯光、喇叭、润滑油、冷却水、各连接件等），已进入装车区并熄火。

10）构件发运区域已设置警戒线，严禁非相关人员进入。

11）构件吊装前，须在运输车辆上画出车辆宽度方向的中心线，构件落车后，确保构件的重心与车辆宽度方向的中心线完全重合。

12）构件吊装前，车辆上与构件接触相应位置均须铺设厚度3cm防滑橡胶垫，防止构件运输过程中由于颠簸发生损坏，如图4－5、图4－6所示。

图4－5　防滑橡胶垫

图4－6　防滑橡胶垫应用

13）车辆出发前，须在构件及车辆上粘贴反光带等夜间行车必要的反光设施。

14）构件出场前，须经各方验收并签字确认，方可出场。

（2）固定

现阶段，混凝土塔架环片高度均大于2.5m，小于4m，在运输过程中基本都采用立式运输的方式，如图 4－7 所示，加上车板高度，整体高度控制在 5m 左右，由于道路路况比较复杂，稍有疏忽就会产生倾倒从而发生安全事故，所以混凝土塔架环片的固定尤为重要，混凝土塔架环片固定要点如下：

（a）

（b）

图 4－7　混凝土塔架环片立式运输图

（a）四片运输形式；（b）三片运输形式

1）所有运输车辆车板应平整、不得有明显凹陷。绑扎工具绑扎力至少达到 5t，严禁使用绑扎吨位不足、腐蚀严重、开裂、松动等不符合要求的绑扎工具。

2）设备吊落车板后未绑扎前不得移动车辆，避免因急刹车、急转向引发环片的磕碰损伤。

3）整环构件，在装车时应确保重心位置与运输板车纵向轴线重合，保证板车受力均匀。半环预制构件重心位置与板车中轴线重合，可通过量取板车边缘距离构架外轮廓距离确定是否对齐，如图 4－8 所示。

4）捆绑加固可分为垂直、水平、斜拉、夹具固定，从捆绑材料上可分为钢索、绳索、吊带、铁链、槽钢与车板电焊固定等形式。

①固定混塔混凝土段必须备有 4 套 5t 强度的捆扎工具，4 条 17m 以上张紧带，并在车板重心点两侧各放置两个 3cm 厚橡胶垫，增大环片与车板之间的摩擦力。

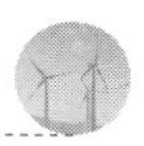

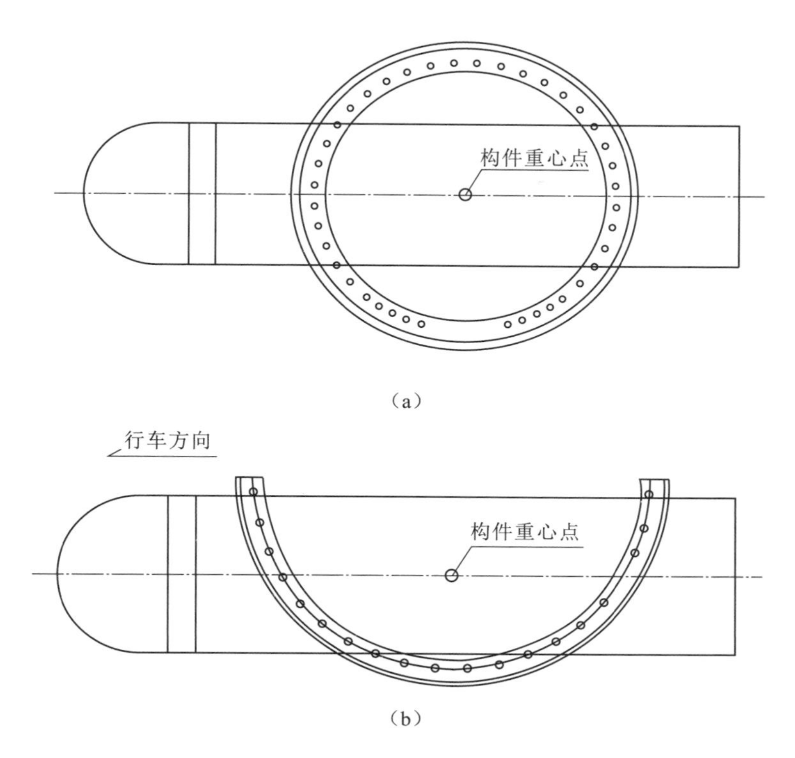

图4-8 混凝土塔架环片运输车板摆放位置示意图

(a) 整环运输方式；(b) 半环运输方式

②针对半环（C形）混凝土塔架环片的运输，在运输难度较大的山地时，除常规的固定外，建议在车板承重梁处分别焊接4块20cm长的槽钢，用于防止运输过程中环片发生位移，如图4-9所示。

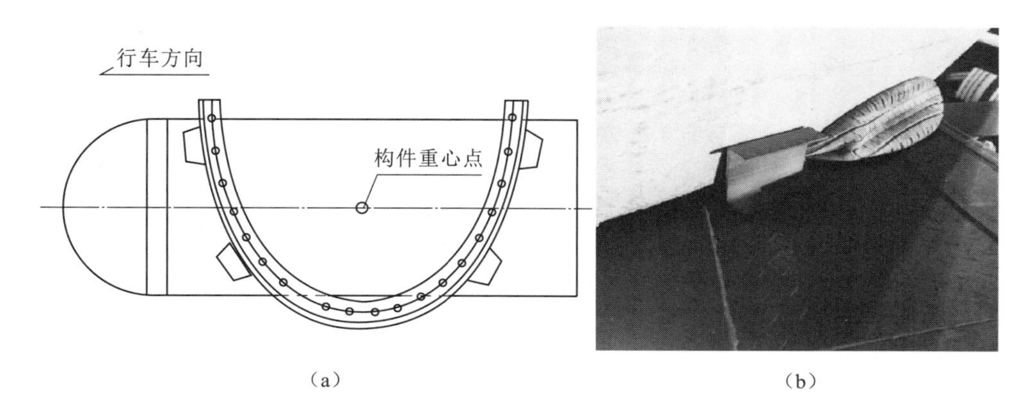

图4-9 混凝土塔架环片运输固定示意图

(a) 防移动固定点；(b) 防移动固定点实体

③针对整环（O 形）混凝土塔架环片的运输，使用两条 8m5t 棘轮链条拉紧器及专用夹具（混塔顶端），从混塔内壁顶端交叉对拉铁链条与车板固定连接。并在车板重心点两侧各放置两个 3cm 厚橡胶垫，增大混塔与车板之间的摩擦力，如图 4－10 所示。

（a）

（b）

（c）

图 4－10　混凝土塔架环片运输棘轮链条拉紧器及专用夹具示意图

（a）捯链布置图；（b）夹具布置图；（c）捯链固定

5）运输中混凝土塔架环片中，环片和车辆均须布置警示标识，在达到目的地后，卸货前严禁拆除防护警示标识，以避免在运输过程中与社会车辆发生剐蹭。警示标志包括标志牌、LED 显示屏等形式，要求字迹夜间清晰可见（图 4－11）。

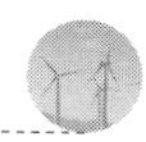

（a）

（b）

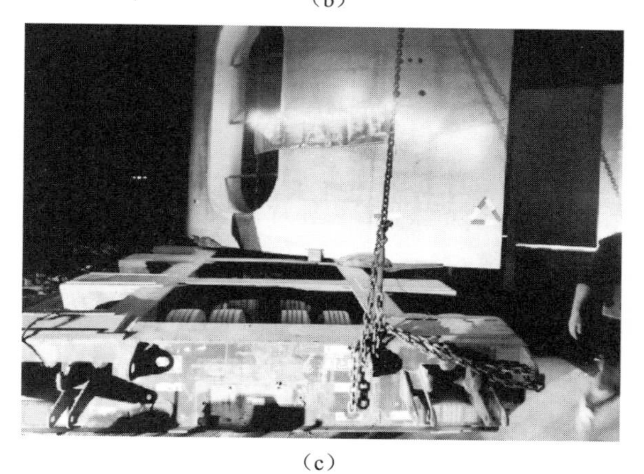

（c）

图 4－11　混凝土塔架环片运输警示标识布置示意图

（a）锥桶布置图；（b）警示标志；（c）夜间警示

（3）装、卸机械的选择

装卸机械是指用于装车、卸车和搬运的机械设备。近些年，随着运输行业的快速发展，装、卸设备在生产、物流、仓储及物流配送等领域有非常广阔的应用。但是，不同的装、卸设备在负载能力、作业环境、设备结构等方面存在较大的区别，因此，装、卸设备的选择尤为重要。

1）负载能力：装、卸设备的负载能力是设备选择的首要指标。在设备选择时应根据所搬运物品的实际重量选择装、卸设备的负载能力。如果所选择的装、卸设备负载能力不足，会导致安全事故和设备损坏事故的发生，如果所选择的装、卸设备负载能力远超出所需的负载能力，会导致设备负载能力的损失，同时增加成本的损失和资源的浪费。

2）作业环境：作业环境的好坏直接影响装、卸设备的选择，是一个关键因素。针对不同的作业环境选择适合的装、卸设备，比如针对作业环境的作业面尺寸、地基情况、环境气候等不同因素。

3）设备结构：装、卸设备的结构也是需要考虑的一个重要指标。装、卸设备结构不同就导致设备适用范围的不同、适用的场景不同。

4）安全性：在装、卸设备的选择时，还需重点考虑安全性问题。优先选择有安全保证的设备可有效地防止安全事故的发生，提高工作人员的人身安全保障，降低潜在的安全隐患。

所有混凝土塔架环片装、卸机械的选择应根据混凝土塔架环片的几何尺寸和重量，结合装卸场地施工条件，结合施工现场的作业环境，结合装、卸设备的结构性能，选择有安全保证的设备。同时要求装、卸设备必须定期进行保养，年检合格，确保设备工作性能良好，可以随时进入工作状态。

4.2.5 装、卸车要求

在各项准备工作完成后，混凝土塔架环片需按照运输方案进行下一步工作。其中装、卸车的吊装具体工作要求如下：

（1）吊装作业人员，应备良好的身体素质，按照要求经培训后持证上岗。

（2）操作时作业人员应站在安全的地方仔细观察、灵活操作，防止挤碰伤手、脚。

（3）起落构件作业时操作人员应时刻防止构件倾斜和晃动，吊装构件的速度应缓慢均匀，操作人员应注意自身安全。

（4）吊具安装过程中，作业人员应当正确佩戴安全帽、安全带。

（5）吊运过程中，因设置警戒线，警戒线范围内严禁站人。

（6）吊装前，须认真确认所吊构件所有吊点均设置齐全并牢靠。

（7）起吊前应检查钢丝绳是否完好，确保无毛刺、断丝等问题后，方可进行吊装作业。

（8）待构件起吊 10cm 高且平稳后，静停 15min 后，观察无异常方可起吊，起

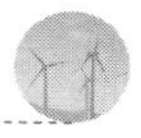

吊过程中不允许发生磕碰。

4.3 混凝土塔架环片运输要求

混凝土塔架环片运输是指按照运输方案要求，将预制完成并且通过出厂验收合格的混凝土塔架环片，运至施工指定地点的过程。由于运输路线较长，路况复杂多变，在运输过程中会出现不确定的因素，这就要求运输前进行详细的路勘工作，把可能出现的问题在运输前处理完成，并编制切实可行的运输方案和应急预案，在运输过程中严格按照运输方案和应急预案进行处理，要求保证安全的前提下事故可控。

在运输途中，除应根据路况控制车速外，还要求运输过程中不应急刹车及急加速，遇坑洼、颠簸不平的道路应缓慢行驶，避免环片边缘及其他重要部位如吊点、预应力孔道等受到损害，同时还应满足以下要求：

（1）混凝土塔架环片运输前测定其混凝土强度，其混凝土强度不应低于设计强度等级值的75%，方可开始运输。

（2）运输途中，定期结合运输路况对混凝土塔架环片固定装置等进行检查，确保固定装置牢固可靠，警示标识完好，环片中心位置应与板车中轴线重合。

（3）混凝土塔架环片（包括整环、半环等）预制构件应采用立式运输，不宜采用扣式运输，避免因环片之间相互挤压造成损坏。

（4）运输途中，定期结合运输路况对混凝土塔架环片防止碰撞的措施进行检查，确保其具有防止混凝土预制构件损坏的功能，且无破损。

（5）预制构件运输、吊装，应验算构件强度及支撑稳定性；设置固定支架装置或防倾覆牵引钢丝绳固定，应计算确定钢丝绳初张力。

（6）预制构件运输应考虑道路和桥涵宽度、承载能力及净空等限制条件，按照运输方案进行处理。同时运输前需办理超宽、超高运输证手续，经路政部门同意后方可开始运输。

（7）在运输高峰期必须保证司乘人员定时休整，严禁驾驶员长时间连续行车，有计划在运输高峰期进行人员轮换、车辆保养。

（8）每辆运输车按照要求必须配有锥筒（含锥桶反光贴）停车警示标示（三角警示牌）、灭火器、安全锤、备胎、止挡器（三角枕木）。司机、押运指挥人员必须备有反光背心、安全帽、手电、对讲机、停车牌或光电指挥棒、喇叭，以便保证运输途中人员的安全。

（9）禁止大件运输车辆违规长期占道，在通过弯道等视野盲区过程中，应有2名指挥人员穿戴反光背心、安全帽指挥通行，其中1名人员指挥车辆行驶，另外1名人员配备手持停车牌在车辆安全距离外（高速公路—150m，普通道路—80m）进行交通管制，必要时使用三脚架、警示锥进行道路临时封闭。

（10）车辆行驶过程中应与前车保持足以采取紧急制动措施的安全距离。车辆行驶过程中尽量避免出现超车现象，超车时须注意横向安全距离、后方车辆行驶状态，避免发生追尾、车辆碰撞事故。如遇下列情形之一的，不得超车：

1）前车正在左转弯、掉头、超车的。

2）与对面来车有会车可能的。

3）前车为执行紧急任务的警车、消防车、救护车、工程救险车的。

4）行经铁路道口、交叉路口、窄桥、弯道、陡坡、隧道、人行横道、市区交通流量大的路段等没有超车条件的。

（11）车辆在通过前方有障碍车辆、临时修路等异常情况的路段时，押运人员要注意观察运输车辆周围的障碍物情况、其他车辆动态，指挥疏导社会过往车辆，指挥、监护设备运输车辆安全通过。

（12）行车期间应掌握前方天气情况，避免在恶劣天气条件下行车。如在运输作业期间遇天气突变，如暴雨、暴雪、暴风等情况，应选择在地势较高、路况安全（沉陷、积水、道路冲毁、泥石流、山体滑坡可能性小的地方）的路段停车，并打开示宽灯，及时对货物包装进行检查，对所运输的设备做好防潮、防水、防尘的处理。

（13）车辆在行驶时，应避免快速起步、急剧转向和紧急制动。无论在平缓路段还是存在坡度，车辆在临时停车时，车辆轮胎须用三角枕木或挡车器进行阻挡，防止车辆溜车，并使用锥筒设置警示防护。

（14）运输前实际勘探高压线、限高杆、桥涵高度，核算安全通行性，未经过勘探高压线、限高路段严禁通行。通行限高路段注意拱形桥涵、非平面、非对称桥涵或限高线等两侧高度不一致，选择净空最高点对应车道通行，同时限高路段降低车速，匀速行驶，不要急刹车、急打方向盘，避免道路颠簸引发设备上、下晃动剐蹭限高体。

（15）以下情况不得在道路上临时停车：

1）在设有禁停标志、标线的路段，在机动车道与非机动车道、人行道之间设有隔离设施的路段以及人行横道、施工地段。

2）交叉路口、铁路道口、急弯路、宽度不足4m的窄路、桥梁、陡坡、隧道

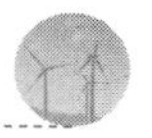

以及距离上述地点 50m 以内的路段。

3）转弯处及存在对方车辆视野盲区的区域不得停车。

（16）临时停放应采取如下安全措施：

1）在车辆周围布置警戒线，禁止无关人员进入，防止人员安全事故。

2）在临时停放区域周围布置警示标志（三脚架、锥桶等），夜间采用 LED 显示装置。其中，普通道路在来车方向 50m 以外设置警告标志及其他措施扩大示警距离，高速公路在来车方向 150m 以外设置警告标志及其他措施扩大示警距离。

3）临时停放期间严禁人员长时间离开车辆。

（17）车辆在道路上发生故障，需要停车排除故障时，驾驶人应当立即开启危险报警闪光灯，将车辆移至不妨碍交通的地方停放；难以移动的，应当持续开启危险报警闪光灯，并在来车方向 50m 以外设置警告标志及其他措施扩大示警距离，必要时迅速报警。若车辆在高速公路上发生故障时，除上述要求外，警告标志应当设置在故障车来车方向 150m 以外，车上人员应当迅速转移到右侧路肩上或者应急车道内，并且迅速报警。

（18）运输车辆在通过独墩桥梁时，除应遵守交通规则、运输方案的要求外，还应按照如下要求运输：

1）各运输车辆必须按照已办理的超限运输通行证规定的运输路线、行驶时间、运输载重量等要求通过桥梁，要求错峰通行，选择该桥梁通行量少的时间段进行运输，避免在高峰期间运输。

2）在进行独墩桥梁运输前，由车队负责人对车辆上的司乘人员（驾驶员、护送人员等）进行安全技术交底，针对独柱墩桥运输技术要求进行着重强调，确认每一位司乘人员均能够理解、熟悉该方案后方可进行运输作业。

3）在通行独墩桥梁的运输时，必须要求运输车辆减速慢行，尽量保证车辆中心线与桥梁中心重合，沿桥梁中心行驶，严禁靠近两侧行驶。

4）在通过独墩桥梁时，要求前车车尾完全驶出桥梁范围后，后面车辆在指挥人员示意下才能驶入，确保每次只能有一辆运输车辆在桥面上，禁止同时有两辆及以上的运输车辆通行，防止大件运输车辆扎堆通行，造成桥梁坍塌事故的发生。同时，在进行独墩桥梁通行时，严禁大件运输车辆在桥上停留。

（19）运输车辆在服务区内停车，须按照如下要求：

1）运输车辆行严禁连续行驶超过 2h，建议在服务区停车进行休息，严禁驾驶人员疲劳驾驶。

2）运输车辆驶入服务区后，须有专人指挥、观察，排除安全隐患，防止车辆、设备等发生剐蹭。

3）在服务区内，遵守服务区管理要求，按照服务区指定区域停车，禁止在服务区内的主干路、弯道、进出入口位置停靠。

4）大件运输车辆停稳后，跟随的押运车辆须按照运输方案的要求，停放在大件运输车辆后方合理位置，并在车辆周围须放置醒目有效的锥筒及挡车器，设置1名看护人员并配备喇叭、口哨等设备，用于提醒社会车辆、人员，夜间在服务区内停留，必须在运输车辆的车尾处设置安全警示带或围栏及太阳能回转灯（LED红蓝警示灯回转灯）。

5）运输车队进入服务区、检查站等区域，须安排专人进行看护，不允许由于看护人员去就餐、打水、卫生间、加油等个人原因导致停车区域内无人看护的情况出现。

6）在服务区停车后，根据运输方案的要求，安排专人进行对车辆、混凝土塔架环片、固定设备、安全设施等进行检查，确保环片完好无损伤、绑扎牢固及车辆性能正常，并详细记录。

7）在服务区内停车，须提前与服务区的管理人员进行沟通，服从服务区安排，将车辆停放到指定区域内，避免夜间不必要的挪车。由于特殊原因需要挪车时，必须由专人进行指挥，指挥人员数量不低于剐蹭障碍风险点数量。严格禁止指挥人员一人兼多职、无人指挥擅自挪车、对讲机信号不通等情况下禁止挪车。

（20）夏季气温高、雨水多，易出现爆胎、洪水、泥石流等自然灾害，在夏季进行混凝土塔架环片运输时应符合下列要求：

1）夏季，全国大部分地区进入雨期，易出现洪水、泥石流等自然灾害，项目负责人须在环片运输前一周对高边坡、土质路面、过水路面等易发生灾害的路段进行实地踏勘，并关注沿途天气变化情况，在起运前向司乘人员进行交底。

2）夏季气温较高，部分地区气温高达40℃，遇高温天气时禁止在车内放置打火机、酒精等易燃易爆物品，防止高温引发爆炸、火灾等事故。高温易使司乘人员产生疲劳犯困，要求避开中午12~14时高温时间段行车，疲劳及时休息或轮换，严禁驾驶疲劳。

3）雨后，司机对道路情况不确定安全时，应选择在地势较高、路况安全的路段停车，并打开示宽灯。待了解清楚上述路段的路况后，方许继续行车。

4）非特殊路段雨中跟车时，与车辆及道路边缘适当加大安全距离。会车时，在确保会车安全间距的情况下，合理加大与道路边缘的安全距离。

5）禁止在雨后压实度不足的道路上行车或停车，特殊情况必须运输时，采取

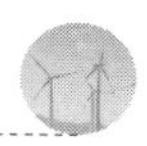

车轮下满铺枕木的措施，防止沉陷造成的车辆倾覆、货物损坏。

6）夏季行车容易出现爆胎，须经常检查轮胎气压、轮胎的磨损情况。进入高速公路前、进入项目现场前，必须仔细检查轮胎气压，确保气压在合适范围内，光胎或露丝的轮胎必须立即更换。

7）夏季行车经漫水路或者漫水桥时，应当停车察明水情，确认安全后，低速通过。

8）夏季在场内道路或中转库停车时应远离河道、岸堤或存在滑坡风险路段，避免突发山洪或山体滑坡、山体落石导致意外事件。

9）检查场内道路悬崖上方是否存在巨石或大树悬空，下方支撑不稳可能造成山体滑坡或重物坠落。山石搭建路基，山石之间是否有相对位移的隐患，雨后重车行驶是否存在塌方风险，风险不可控路段严禁通行。

10）雨期运输时，由于平板运输车车板较低，运输车辆行驶过程中容易出现车轮甩泥的现象，导致混凝土塔架环片表面污染严重。在施工现场进行施工时，由于施工现场较偏僻，取水困难，往往需要从较远的地方运水至现场，用于环片表面泥污的清洗，工作量大，耗时耗力，同时严重影响工期，为了防止该问题的发生，要求在雨期进行运输时，用土工布或防雨布将混凝土塔架环片进行包裹，到场验收时进行拆除。

（21）冬季行车要求

1）车辆人员露天作业必须穿戴防滑鞋、防护手套等防滑、防冻措施，并按要求正确戴好安全帽（建议棉质安全帽）；霜、雪过后作业前需清理车板及作业面，避免滑倒造成伤害；尽可能避免高处作业，防止打滑造成高处坠落。

2）冬季（含夏季）车内休息时空调采用内/外循环交替方法，适当开启车窗缝隙、设置休息时长，严禁长时间使用空调内循环，避免由于车窗紧闭，废气（CO、CO_2 等）无法排出引发缺氧窒息死亡事故。

3）每车按人员数量增加防寒保暖衣物和设备，配备一定数量的食品、饮水，增加通信设备，做好因天气原因或车辆故障人员受困的应急工作。

4）冬季天气寒冷，项目驻地人员关注供暖防护措施，防止煤气中毒。同时，定期对项目宿舍开展安全检查，杜绝使用电炉、酒精炉等不安全器具。对从事有毒作业、有窒息危险作业人员，必须进行防毒急救安全知识教育，并加强作业管理。

5）冬季霜多、雾多、雪多、气温低，环境复杂，对行车安全有较大影响。驾驶人员应提高对冬季安全驾驶的认识，加强冬季驾驶的知识和技能的学习，做到防冻、防滑、防事故，掌握处理冬季驾驶过程中常见问题的方法。

6）车辆到达项目现场后，如有特殊情况无法卸车，且周围没有食宿条件的，车辆驾驶人员应及时上报相关负责人，协调项目现场接货人员帮助解决食宿问题，防止人员冻伤。必要时可联系合同执行专员协助。

7）要做好车辆的换季保养工作，对车辆制动、转向、行驶系及气路管道、水路管道、油路管道等各部件进行全面检查保养，为车辆装备必要的防冻装置，按规定添加机油、齿轮油。北方项目车辆必须更换防冻液，并注意补充添加。要注意检查各个轮胎的充气是否均衡。并考虑在冬季将车辆轮胎更换为冬季轮胎。

8）冰雪天气，尽量在出行之前安好防滑链，临时停车安装、拆卸防滑链前要将车辆停放在安全地带，并设置必要的交通警示标志。安装防滑链后，行驶速度一般不要超过 50km/h，并注意尽可能避免突然加速或减速。并随车携带铁锹、铁镐等防滑工具。在适用于一个标号柴油的温度区间内，选用低一级标号的柴油。

9）积雪覆盖的道路行车时，应根据道路两旁的树木、电杆等参照物判断行驶路线，低速行驶。有车辙的路段应循车辙行驶。平稳驾驶，缓慢起步，防止起步过急时车轮滑转或侧滑。转弯行驶适当增大转弯半径以防离心力增大引起侧滑，不得空挡滑行。超、会车应选择比较安全的地段靠右侧慢行，适当增大两车的横向间距，且与路边保持一定距离，必要时，可在较宽的地段停车让行。跟车行驶应与前车保持较大的纵向距离。在结冰的道路上会车时，应提前减速，适当增大两车的横向间距，必要时，可在较宽的地段停车让行。山区冰雪道路上行车，发现前车正在爬坡时，后车应选择适当地点停车，等前车通过后再爬坡。

（22）夜间、大雾、沙尘暴等视线不良运输行车要求

1）在路面坡度大、路面宽度较窄（包括收费站出口、有障碍物路段）、转弯半径小、转弯半径内障碍物多、电线低密等的路段运输时，押运人员必须下车指挥交通，必要时设置防护（防护锥筒防护或押运车硬质防护），司机对道路两侧障碍情况不清楚时，必须应下车确认路况，切忌盲目操作。

2）雾天在公路上行驶严禁突然停车或突然加速。雾天行车，应及时打开防雾灯和近光灯，降低速度，严格遵守靠右侧通行的原则，车辆之间要保持充分的安全距离。雾天能见度在 30m 以内时，车速不得超过 20km/h。浓雾能见度减至 5m 以内时，应及时靠边选择安全地点停车，并打开小灯、尾灯或示宽灯，待浓雾散后再继续行驶。当遇到高速公路起雾时，应及时打开防雾灯和近光灯，降低速度。如果能见度过低时，必须暂时驶离高速公路，将车停到附近的服务区。不能驶离高速公

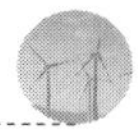

路时，应选择紧急停车带或路肩停车，并按规定开启危险报警闪光灯和放置停车警告装置。

3）夜间停放必须选择道路坚实平整、路面宽阔、视线良好的地段，设置警戒线、警示标志，并派人守护。停车时，做好安全隔离措施，提醒其他车辆注意绕行。

第5章 风电项目混凝土塔架安装关键技术

风电机组混凝土塔架安装是通过拼装、吊装、预应力施工等工序将运至现场的混凝土塔架环片、钢塔、机舱、叶片等组装成一个完整的风机的过程。其中，钢塔、机舱、叶片部分的安装与传统风电机组吊装一致。本书将着重对混凝土段的安装过程进行介绍。

混凝土塔架施工前吊装专项施工方案应经专家论证，取得论证意见并按照论证意见修改完成，经施工单位技术负责人、项目总监批准，对现场施工技术人员、管理人员及施工作业人员进行技术、安全交底后进行吊装施工。

通过对市场上主流风机厂家及在建混塔项目的调研，发现影响安装效率、质量和安全的关键因素在于混凝土塔架环片高度、是否采用专用的拼装平台、混凝土塔架环片尺寸偏差三方面的影响，但其他因素也对安装效率、质量和安全性产生不可忽视的影响，下面对吊装整个过程进行分析。

5.1 安装准备工作

通过在建混塔项目调研，各项目的主机厂商不同，其所选用的技术路线也有所区别，各有特点，如表5-1所示。

混塔项目基本情况　　表5-1

序号	项目名称	机组型号	拼片方案	拼装形式	基础内预埋垫板规格	备　注
1	项目1	WT200-6.25（140m）	4片	环氧树脂胶	厚45mm，长×宽=310mm×310mm，Q355E	共43段，最大分片为四片，需拼装41段，立式支模

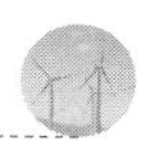

续表

序号	项目名称	机组型号	拼片方案	拼装形式	基础内预埋垫板规格	备注
2	项目2	WT204-6.25（140m）	2片	水平缝为坐浆料、纵缝为环氧树脂材料		共31段，最大分片为两片，需拼装30段，立式支模
3	项目3	WT6.25-200（172m）	4/5片	环氧树脂胶连接	厚45mm，长×宽=305mm×305mm，Q235D	共51段，最大分片为五片，需拼装50段，卧式支模
4	项目4	WT5.6-202（122m）	2片	环氧树脂胶+高强灌浆料	厚55mm，长×宽=330mm×330mm，中间孔洞162mm，Q355D	共31段，首段现浇，最大分片为两片，需拼装16段，13段整环，1段过渡段，立式支模
5	项目5	WT195-5300 WT195-6250（140m）	2片	水平缝为坐浆料、纵缝为环氧树脂材料		共31段，最大分片为两片，需拼装30段，立式支模

5.1.1 施工保证条件

（1）施工方案编制完成并经过审核、批准；施工交底签证书等资料准备齐全，对现场管理人员和作业人员进行方案交底。所有人员参加施工交底，交底与被交底人员进行双签字，并留存视频交底记录。

（2）施工技术人员及施工班组长认真仔细熟悉施工方法、工艺、图纸等技术资料。

（3）所有施工人员认真学习施工方案、施工工艺、施工规范、高强螺栓力矩紧固要求及安全防范措施，确保所有人员掌握施工要领。

（4）风机运输道路要求路面满足大型运输通过条件。

（5）施工前对施工危险因素、环境因素进行辨识并制定可靠的控制对策，施工前咨询当地气象局，根据其气象预报安排施工计划。

（6）施工区域周围拉设警戒线，设专人监护，无关人员严禁入内。

（7）吊装前专人清理基础内外侧表面，使用扫帚清理垃圾，使用毛刷或破布清理表面的脏物。

（8）厂供专用吊索具、工器具等准备齐全，收集并检查合格证书及报告后使用。在施工现场显著位置公告危险性较大分部分项工程，并在危险区域设置安全警示标志。

（9）全面检查、检修所用吊车、工器具、卡索具，合格后方准投入使用。

(10) 风机吊装平台地基承载力满足风机吊装的要求，施工机位地面地基承载力要求≥$18t/m^2$（根据实际吊装设备情况计算取得，每台风机吊装作业前完成主吊机械组装和站位区域地基承载力检测，达不到要求，采取强夯、块石换填等措施进行处理，处理完成后，地基承载力达到要求后方可进行作业），且无影响施工的障碍物，对于基坑回填部分须按规范标准进行分层碾压、夯实。对于同一吊装设备，应根据不同的吊重而调整观测周期，加密观测频率。吊装前平台地基承载力由交付单位委托有合格资质的第三方检测单位进行检测并出具检测报告，检测合格后进行移交。

(11) 工序交接：风机设备及部件四方（建设单位、监理单位、安装单位、厂家）开箱验收合格无缺陷，具备安装条件，相关资料准备齐全；风机基础及平台验收合格具备吊装条件：基础附近场地平整、坚实，基础强度、接地电阻、回填土压实度等已经三方验收合格并有相关方出具的正式报告，若全部合格方可进入下道工序即进入风机安装阶段，若不合格，责任单位整改处理，直至处理合格完成土建交付安装工序。

5.1.2 安装工艺流程图

混凝土塔架安装是一个完整的工艺过程，包括吊装前准备、塔底电气柜设备安装、环片组装、整环吊装、顶部平台吊装、过渡段吊装、预应力工程等，如图 5 - 1 所示。

5.1.3 安装场地

(1) 项目负责人应确认现场道路和工作区域的地面满足设计要求，可以承载混凝土塔筒最大整环自重和大型吊车的自重及工作期间重量，地基承载力不宜小于130kPa，场地四周宜设置排水系统。工作区域地面承载力须满足混塔摆放，以及吊车等车辆的行走移动，必要的时候需在地面铺设钢板、履带吊行走范围内需铺设路基板。

(2) 场地尺寸、平整、压实施工已经完成，场地尺寸应符合厂家技术文件、拼装及吊装方案的要求，除设计有特殊要求外，场地密实度要求大于等于 95%，最大平整度高差不大于 10cm。

(3) 拼装工作现场周围设置防护栏或警戒线进行封闭，不得允许未经许可的人员进入。在场地入口等明显位置设置警示标识，吊车工作范围应界定清楚。

(4) 场地范围内无影响地面施工、高空作业的障碍物，如确认工作区域附近

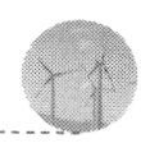

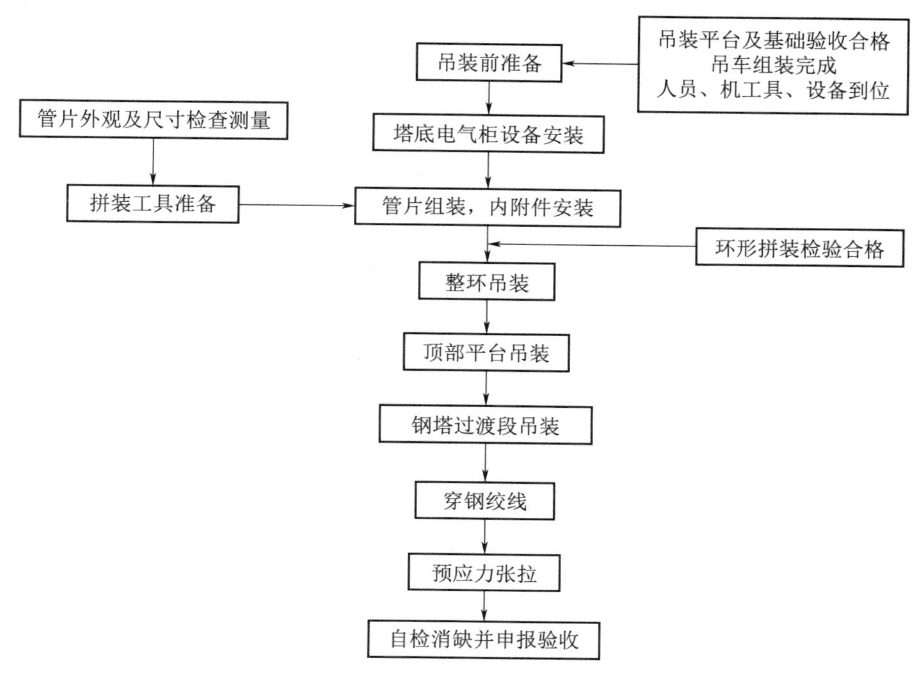

图5-1 安装工艺流程图

无架空高压输电线缆等。

（5）由于气候等原因，导致工作区域内有积水、积雪、积沙土等，应在施工前清理干净，待满足重型车辆行驶时方可进入车辆开始工作。

（6）场地布置应参照主机厂家技术文件、专项施工方案，但厂家多数要求只有一个拼装平台。由于混塔施工主要工作就是地面拼装，在此期间主吊车会出现闲置的情况，严重影响了施工效率，为了避免机械设备闲置，提高施工效率，建议在场地内设置两套专用拼装平台，一组地面拼装作业人员，一组高空拼装人员，达到连续施工，提高工作效率的目的。同时，应根据环片的重量、尺寸合理选择工装、吊车、吊带等机械器具，施工场地布置图如图5-2所示。

5.1.4 到货验收及堆放

（1）混凝土塔架环片到场应进行外观检查和验收，要求进场时防护设备完好无损，环片外观无裂纹、缺棱掉角等损伤。在外观无损伤的前提下，对环片尺寸进行复核，满足设计要求、厂家资料及国内相关规范后可以进行接收、卸车。

（2）若在现场验收时发现环片存在裂缝、磕碰损伤、缺棱掉角现象，应填写进场环片质量缺陷描述统计表。认真记录其位置、尺寸等详细情况，并拍照备查，

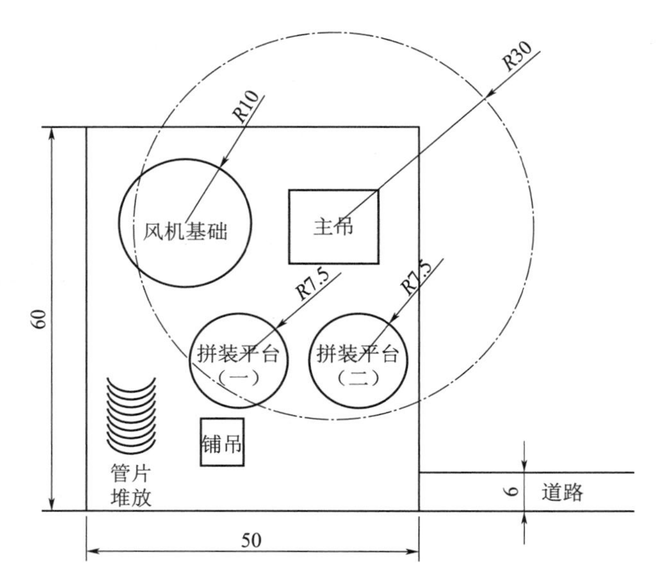

图 5-2　混凝土塔架施工场地布置示意图（m）

根据环片质量问题分级处理方案进行处理。确需上报塔架质量负责人和设计负责人的，应立即上报并请其评估缺陷对环片的影响程度，出具处理意见。现场施工人员可根据设计人员出具的处理意见，对环片进行处理后再进行接收并使用。

（3）主机厂家须配备专用吊具，进场后需对吊带、吊具、钢丝绳、吊装用螺栓进行检查，应完好无损，发现破损应及时报废并更换。卸车前应对所用吊索具进行检查确认，合格后方可使用。负责卸车的起重机应按指定位置站位并挂好配套的吊索。

（4）环片应存放在机位平台上指定区域，方便环片拼装和吊装；为防止环片受到尘土污染或下部磕碰，吊装单位应采取相应防护措施，如在环片放置地面上铺设彩条布、帆布、木板、木方等。严禁环片无任何防护措施直接放置在平台地面上。为了防止环片存放因为基础自身未压实或者由于降雨等原因造成的不均匀沉降，进而引起环片的倾倒，要求主机厂家提供施工现场所需的环片存放工装架。每个混塔作业面的工装架可以根据场地的大小以及布置情况，选择单面存放或者双面存放，由此确定每个混塔作业面的工装架数量，如图 5-3 所示。

5.1.5　一体化专用拼装工装

由于风电混塔技术在国内应用时间不长，混凝土塔架环片拼装技术主要有两种方式，第一种就是采用在拼装场地摆放混凝土垫块及调平螺栓的形式，该种方式调节工序复杂，而且精度不高，如图 5-4 所示。由于各支墩均为独立的个体，每次

（a）

（b）

图5-3　环片存放工装架

调节高程均需要吊车辅助，增加了安全风险。每次拼装均耗费大量的时间、人力进行调平，费时费力，施工效率低。同时，每个支墩与环片均为点接触，增加了局部的压强，易出现损坏环片的问题，为后续施工增加了质量隐患。

第二种就是采用主机厂家提供的一体化专用拼装工装（简称：专用拼装工装），如图5-5所示，专用拼装工装为一个整体，调平是通过工装本身的调平设备进行调整，工序简单且精度可控制在1mm，一次调平，后期只需复核即可施工，施工效率高。专用拼装工装本身自带安全附件，拼装过程中减少吊车的辅助，减少了安全隐患。工装与环片接触为面接触，不易对环片造成损坏。

综上所述，在风电机组混凝土塔架拼装施工时，建议采用主机厂家提供的专用拼装工装，专用拼装工装是保证拼装质量的重要条件，好的拼装工装可以保证拼装成品质量，较小误差，也提高拼装的安全性，为后期吊装做好准备。

专用拼装工装应满足国家安全规范要求，首次使用前应进行荷载试验，合格后方可使用。专用拼装工装由多组部件构成，设备应在使用前进行现场组装，其共有

（a）

（b）

图 5－4　第一种拼装形式示意图

八条支腿，每条支腿上均匀分布两个调平点，用于每条支腿都能够独立调平。

（1）拼装工装要求场地平整、坚实，具有良好的排水设施，场地面积不小于直径 15m 范围，水平高差不大于 20cm。地面压实系数满足设计要求，如无设计要求时应不小于 95%，地面承载力不小于 $18t/m^2$。

（2）环片拼装工装应根据现场实际需求进行专业化设计，用于塔架环段吊装前环片的拼装工作，主要为分片的塔架环段环片拼接工作提供水平工作台面，在半径、周长、上下方向上提供动力，使多片环片拼装在一起后达到设计要求，满足塔架环段吊装前的要求。

（3）拼装工装的结构组成和安装

1）拼装工装的结构组成：混塔拼装平台主要由中心定位盘、分支组装平台、承载路基板、定位机构、调整机构、侧向拉紧机构、定位量标杆等组成，见表 5－2，另有千斤顶、扳手、套筒等工具配套使用，如图 5－6 所示。

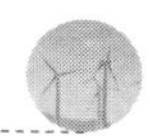

(a)

(b)

图5-5 第二种拼装形式示意图

拼装工装基本组成部分 表5-2

序号	名称	数量	单位	备注
1	中心定位盘	1	套	
2	宽平台组成	4	套	
3	窄平台组成	4	套	
4	路基板	16	套	
5	环片斜撑	4	套	
6	宽基座组成	4	套	
7	定位机构	4	套	
8	侧基座组成	2	套	
9	单头承载滑板	12	套	
10	双头承载滑板	4	套	
11	环向拉紧组成	8	套	
12	窄基座组成	8	套	
13	机械螺旋千斤顶	10	套	根据环片重量确定型号

图 5-6　专用拼装工装示意图

2）拼装工装的安装

第一步：将中心定位盘放置在混塔吊装现场拼环区域的中间，便于后期和支撑梁之间连接，如图 5-7、图 5-8 所示。

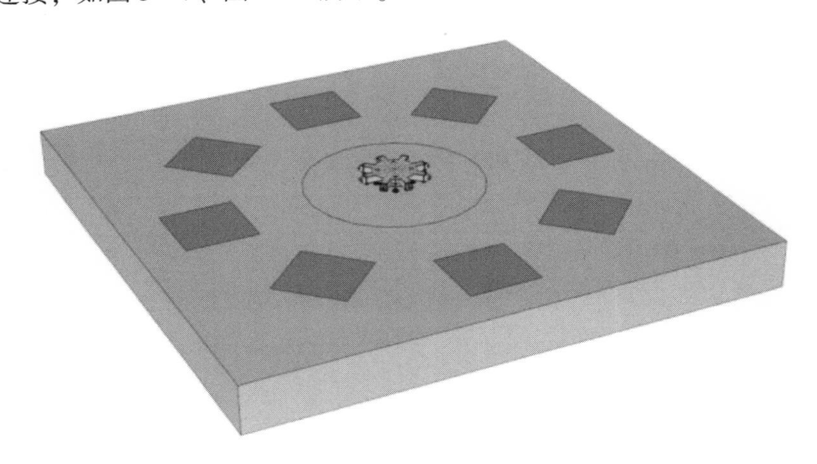

图 5-7　专用拼装工装中心定位盘放置示意图

第二步：将承载路基板和分支平台安装固定在一起。

第三步：将各个组装好的分支平台通过中心盘上面的铰接轴与中心盘连接起来，连接时要注意各个分支平台之间的角度和间距。分别采用 4 点平衡吊装方式，将各个分支平台与中心定位盘进行组装，可根据场地需要进行位置调整；需各个分

图 5-8　专用拼装工装中心定位盘示意图

支平台的尾端平台中线定位角通过中心定位盘的中线定位角，对向两个分支平台处于一条线上。

第四步：所有分支平台按要求放置后，要求反复进行多次水平测量调整，使各个分支平台的工作面在同一个水平高度，高度允许偏差 2mm；每个分支平台测量 4 个点位，分别是分支平台的前后 4 个调整支腿位置。调整时应辅助采用千斤顶进行升降，不得强行仅依靠支撑支腿丝杆进行调整；后期带环片调整时也应依照此方法进行调整。

第五步：工装各附件都有其专门的用途，在拼装过程中起到不可或缺的作用，很好地保证拼装质量。例如，高分子滑板主要用于减少摩擦力，如图 5-9 所示，避免给因为混凝土塔架环片与拼装工装支腿直接接触而受损，侧向拉紧机构用于保证拼装过程中环片不会因为侧翻而产生安全事故等，所以其他附件应按照工装组装技术文件及图纸进行安装，确保位置准确无误。

图 5-9　专用拼装工装高分子滑板示意图

第六步：由于施工场地压实度原因，拼装工装在进行环片拼装前后承受的重量不一致，可能会出现局部变形或下沉，这就要求在每次拼装前后均要对拼装工装进行复核，并要如实记录，并及时调整工装平台的水平度，保证每一节环片拼装质量达标。

1）场地布置、塔架拼接方案、吊装方案应经审查批准后，方可进行施工。

2）所有进场施工人员均需提供一年内的体检报告，保险齐全，所有特种作业人员须持证上岗。

3）吊车等起重设备均要求备案，合格证等证件齐全，吊车工况与专项施工方案一致，施工前应认真检查车况、钢丝绳等状态是否良好，对不合格或已损坏的构件进行报废处理。

4）与风机基础施工单位进行交接工作，按照基础施工图纸及厂家技术要求等文件，与监理、施工单位一同对基础进行检查，检查合格后进行吊装施工。针对风机基础混凝土强度，如设计无要求时，当基础混凝土强度低于设计强度 100%时不得施工。

5）混凝土塔架环片拼接材料送检完成并取得合格报告；相关计量器具如电子秤、力矩扳手、水准仪、钢卷尺等年检合格，并在有效期内。

6）施工前关注天气变化，为避免吊装作业过程中，由于风速过大而造成倒塔的安全事故，保证吊装时风速不超过 10m/s。

5.2 环氧树脂胶性能试验

环氧树脂胶是一种由环氧树脂基体和固化剂组成的有机高分子材料，具有粘附力强、固化收缩率小、耐腐蚀、绝缘性能好等特点。这些特性使得环氧树脂胶在电子、电器、航空航天、汽车、船舶、化工等领域得到广泛应用。环氧树脂胶的主要组成成分包括环氧树脂和固化剂，其中环氧树脂是一种含有环氧基的高分子化合物，而固化剂则是环氧树脂胶中另一重要组成部分，其主要作用是与环氧树脂中的活性基团发生反应，促使环氧树脂从液态转变为固态。

环氧树脂胶的优点包括：

(1) 粘附力强：能够与多种材料紧密黏合，其粘附力强于传统的丙烯酸酯胶水和聚氨酯胶水。

(2) 耐腐蚀：具有较好的耐酸、碱、盐等化学物质的腐蚀性能，因此被广泛应用于化工防腐领域。

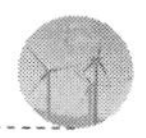

（3）绝缘性能好：固化后具有良好的绝缘性能，适用于电子、电器等领域的绝缘密封和黏合。

（4）机械强度高：固化后具有较高的机械强度和硬度，能够承受较大的压力和摩擦力。

（5）收缩率小：在固化过程中收缩率较小，不易产生裂纹和变形。

环氧树脂胶的用途非常广泛，因其独特的物理化学性质和广泛的应用领域，在现代工业和日常生活中扮演着重要的角色。

随着混凝土塔架技术的快速发展，环氧树脂胶也进入到风电行业中来，例如西卡、大连凯华、苏博特、固特邦等品牌。风电项目所处环境相对复杂，各厂家针对风电项目所处的不同施工环境，有针对性地研制可以适应不同应用环境的环氧树脂胶。但随着混塔技术的快速发展和应用，除了环氧树脂胶在施工工艺不规范导致施工质量问题外，环氧树脂胶本身的理化性能在混塔施工质量控制中也受到重点关注，各厂家均有自己独特产品的特点及适用范围，如表5－3所示。

各厂家环氧树脂胶技术参数　　**表5－3**

序号	厂家名称	技术要求
1	厂家1	1. 型号：A：B=3：1，冬用型适用于-5～15℃的现场施工温度环境。 2. 储存条件：在5～30℃的干燥条件下，原装密封贮存，避免阳光直射，注意通风。 3. 搅拌时间：搅拌时间约3min。 4. 施工时间：每个截面用胶量根据现场实际情况确定，搅拌好的胶粘剂应在20min内涂刮完成。 5. 养护：在胶粘剂没有完全固化前，应避免与水的接触
2	厂家2	1. 型号：A：B=3：1，冬用型适用于5～15℃的现场施工温度环境。 2. 储存条件：原包装贮存于干燥、通风场所，建议的环境温度为5～30℃。 3. 保质期12个月。 4. 搅拌时间：在约400r/min状态下搅拌2～3min左右。 5. 施工时间：搅拌好的材料务必在适用期范围内（20min）施工完毕，避免搅拌好的材料长期放置在桶中；材料施工完毕后，应尽快完成构件拼接，构件拼接的整体时间应控制在60min以内。 6. 养护：在胶粘剂没有完全固化前，应避免与水的接触
3	厂家3	1. 型号：JN－P胶，A：B=3：1，适用温度25～40℃，12kg。 2. 储存条件：本品应密封贮存在环境温度5～40℃的干燥、清洁的库房内，不得露天堆放或雨淋，包装开启后不得长时间存放。 3. 保质期：自生产之日起，包装完好时有效贮存期为12个月。 4. 搅拌时间：手枪钻500～600r/min搅拌3min。 5. 施工时间：应在30min内完成涂抹施工，应在60min内完成拼装。 6. 养护：在胶粘剂没有完全固化前，应避免与水的接触

续表

序号	厂家名称	技术要求
4	厂家 4	1. 型号：JN－P 胶，A：B=3：1，适用温度 5～20℃，12kg。 2. 储存条件：根据技术文件要求，密封贮存环境温度 5～40℃的库房内，要求干燥、清洁，不得露天堆放、雨淋，包装开启后应在规定时间内使用，不可以长时间存放。 3. 保质期：自生产之日起，包装完好时有效贮存期为 12 个月。 4. 搅拌时间：手枪钻 500～600r/min 搅拌 3min。 5. 施工时间：搅拌均匀后在 30min 内完成树脂胶涂抹，并要求在 60min 内完成拼装。 6. 养护：在胶粘剂没有完全固化前，应避免与水的接触
5	厂家 5	1. 型号：A+B 组分共 18kg，A：B=3：1。 2. 搅拌时间：在约 600r/min 状态下搅拌 3min，直到材料稠度均匀，且呈均一的灰色。 3. 施工时间：20℃时可粘结时间约 60min。 4. 触变性：至少 3mm 无流挂。 5. 养护：在胶粘剂没有完全固化前，应避免与水的接触
6	厂家 6	1. 型号：JN－P 胶，A：B=3：1，适用温度-15～5℃，12kg。 2. 储存条件：根据技术文件规定，应密封贮存，环境温度要求 5～40℃，并且干燥、清洁，建议室内储存，不得露天堆放或雨淋，打开后不得长时间存放。 3. 保质期：自生产之日起，包装完好时有效贮存期为 12 个月。 4. 搅拌时间：手枪钻 500～600r/min 搅拌 3min。 5. 施工时间：要求在 30min 内必须完成树脂胶涂抹施工，并应在 60min 之内完成混凝土塔架环片对接拼装。 6. 养护：在胶粘剂没有完全固化前，应避免与水的接触

为了研究环氧树脂粘结剂在风电混塔施工中的使用性能，本次试验依据《预制节段拼装用环氧胶粘剂》T/CECS 10080—2020 等标准，进行了混凝土与混凝土对粘弯曲性能试验、混凝土与混凝土压缩剪切强度试验，测试了环氧树脂在-10℃、-5℃、0℃、20℃、40℃，固化 6h、24h、7d，干基面、湿基面、蒸煮基面条件下的力学性能。其中混凝土与混凝土压缩剪切强度试验进行了直剪试验，直剪试验形式为双 L 形直剪。选择现阶段市场上主流厂家的环氧树脂胶进行试验，试件采用 C80 混凝土标准试块（长×宽×高＝160mm×40mm×40mm），如图 5－10 所示。

环氧树脂对粘弯曲试验构件采用两个标准试块断面进行粘结，如图 5－11 所示，环氧树脂胶层厚度为 2mm，截面为 40mm×40mm 的正方形。环氧树脂抗剪性能试验构件将试块 1 从中折断为 2 块 80mm×40mm×40mm 的试块，如图 5－12 所示，按图示分别用环氧树脂粘结在试块 2 与试块 3 端部，待环氧树脂固化后进行粘接，抗剪部分环氧树脂胶层厚度为 2mm，截面为 40mm×100mm 的长方形。具体试验内容如下：

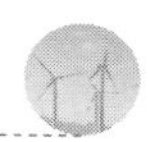

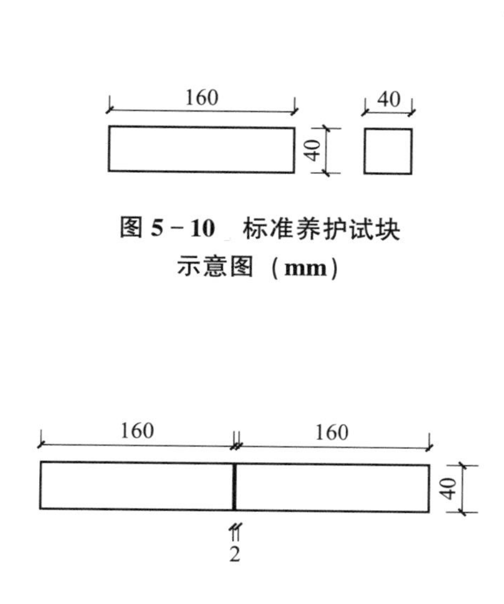

图 5 - 10　标准养护试块示意图（mm）

图 5 - 11　混凝土与混凝土对粘弯曲性能试验试块连接示意图（mm）

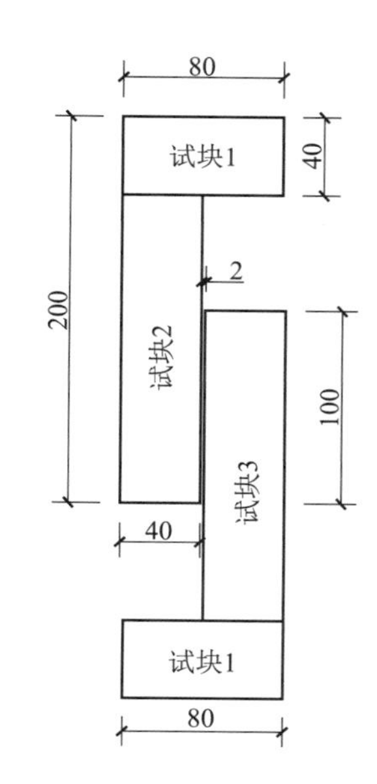

图 5 - 12　混凝土与混凝土压缩剪切强度试验试块连接示意图（mm）

（1）对粘弯曲试验

加载速度为 2mm/min，记录环氧树脂发生破坏时荷载大小。对粘弯曲试验测试了 6 种不同环氧树脂在干基面在 20℃、0℃、-5℃、-10℃温度下，固化时间 6h、24h、7d 的条件下的对粘弯曲性能。在 20℃时，干基面、湿基面、蒸煮基面，在固化 6h、24h、7d 的条件下的对粘弯曲性能，根据规范《预制节段拼装用环氧胶粘剂》T/CECS 10080—2020 要求，对粘弯曲结果混凝土本体破坏为合格。

（2）抗剪性能试验

加载速度为 2mm/min，记录环氧树脂发生破坏时荷载大小。抗剪性能试验测试了 6 种不同环氧树脂在 40℃、20℃、0℃、-5℃、-10℃温度下，固化时间 6h、24h、7d 的条件下的抗剪性能。在 20℃时，干基面、湿基面、蒸煮基面，在固化 6h、24h、7d 的条件下的抗剪性能。根据规范《预制节段拼装用环氧胶粘剂》T/CECS 10080—2020 要求，抗剪性能试验应为斜剪方式，但本试验根据风电项目混凝土塔架拼装施工特点，实际试验方式改为直剪方式。

本次试验，混凝土与混凝土对粘弯曲性能试验共用试块 214 组、混凝土与混凝土压缩剪切强度试验共用试块 240 组。

结论：如表 5 - 4、图 5 - 13 所示，通过对六个品牌环氧树脂胶进行试验，在 20℃、0℃、-5℃、-10℃温度下，固化时间为 6h 条件下进行抗剪试验，可以得出，厂家 2、厂家 3、厂家 4 在-10℃、-5℃、0℃时环氧树脂未上强度，其他三种环氧树脂胶满足要求。

树脂胶在不同温度下固化 6h 抗剪试验结果表　　表 5-4

温度	固化时间	基面	受力形式	厂家	破坏荷载（kN）
20℃	6h	干基面	对粘弯曲	厂家 1	5.30
		干基面		厂家 2	2.50
		干基面		厂家 3	5.00
		干基面		厂家 4	5.82
		干基面		厂家 5	5.10
		干基面		厂家 6	4.80
0℃	6h	干基面	对粘弯曲	厂家 1	3.60
		干基面		厂家 2	0.00
		干基面		厂家 3	0.00
		干基面		厂家 4	6.03
		干基面		厂家 5	0.00
		干基面		厂家 6	4.40
-5℃	6h	干基面	对粘弯曲	厂家 1	3.00
		干基面		厂家 2	0.00
		干基面		厂家 3	0.00
		干基面		厂家 4	5.10
		干基面		厂家 5	0.00
		干基面		厂家 6	4.80
-10℃	6h	干基面	对粘弯曲	厂家 1	3.50
		干基面		厂家 2	0.00
		干基面		厂家 3	0.00
		干基面		厂家 4	4.99
		干基面		厂家 5	0.00
		干基面		厂家 6	4.50

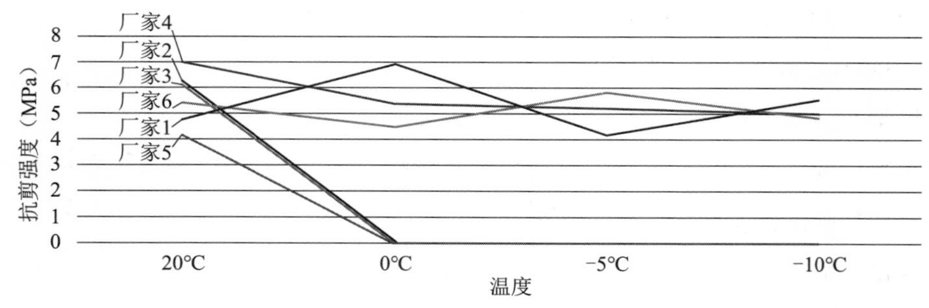

图 5-13　6 种树脂胶在不同温度下固化 6h 抗剪试验结果

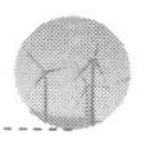

结论：如表 5－5、图 5－14 所示，通过对六个品牌环氧树脂胶进行试验，在 20℃、0℃、－5℃、－10℃温度下，固化时间为 24h 条件下进行抗剪试验，可以得出，各厂家树脂胶在温度－10℃、－5℃、0℃、20℃时，环氧树脂胶强随着温度的增加有增长趋势，满足要求。

树脂胶在不同温度下固化 24h 抗剪试验结果表 **表 5－5**

温度	固化时间	基面	受力形式	环氧树脂类型	破坏荷载（kN）
20℃	24h	干基面	对粘弯曲	厂家 1	9.68
		干基面		厂家 2	8.64
		干基面		厂家 3	8.26
		干基面		厂家 4	8.34
		干基面		厂家 5	8.10
		干基面		厂家 6	8.35
0℃	24h	干基面	对粘弯曲	厂家 1	7.35
		干基面		厂家 2	0.00
		干基面		厂家 3	9.16
		干基面		厂家 4	9.60
		干基面		厂家 5	10.16
		干基面		厂家 6	8.00
－5℃	24h	干基面	对粘弯曲	厂家 1	0.00
		干基面		厂家 2	0.00
		干基面		厂家 3	8.28
		干基面		厂家 4	9.51
		干基面		厂家 5	8.19
		干基面		厂家 6	9.26
－10℃	24h	干基面	对粘弯曲	厂家 1	0.00
		干基面		厂家 2	0.00
		干基面		厂家 3	9.29
		干基面		厂家 4	7.22
		干基面		厂家 5	0.00
		干基面		厂家 6	10.51

结论：如表 5－6、图 5－15 所示，通过对六个品牌环氧树脂胶进行试验，在 40℃、20℃、0℃、－5℃、－10℃温度下，固化时间为 7d 条件下进行抗剪试验，可以得出，各厂家环氧树脂胶在固化 7d 时，温度越高时抗剪性能越强，温度越低抗剪性能越低。

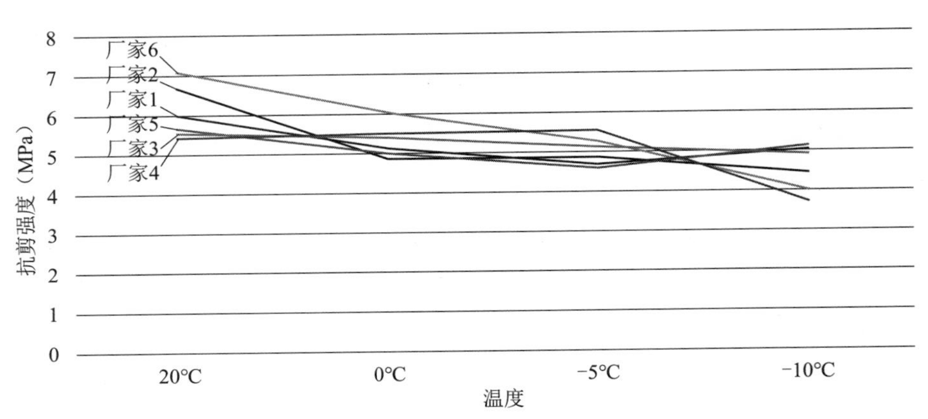

图 5-14　6 种树脂胶在不同温度下固化 24h 抗剪试验结果

树脂胶在不同温度下固化 7d 抗剪试验结果表　　**表 5-6**

温度	固化时间	基面	受力形式	环氧树脂类型	破坏荷载（kN）	抗剪强度（MPa）
40℃	7d	干基面	抗剪 1	厂家 1	25.08	6.27
		干基面		厂家 2	36.40	9.1
		干基面		厂家 3	38.10	9.525
		干基面		厂家 4	26.85	6.7125
		干基面		厂家 5	35.40	8.85
		干基面		厂家 6	36.02	9.005
20℃	7d	干基面	抗剪 1	厂家 1	23.74	5.935
		干基面		厂家 2	32.07	8.0175
		干基面		厂家 3	32.02	8.005
		干基面		厂家 4	22.46	5.615
		干基面		厂家 5	34.79	8.6975
		干基面		厂家 6	25.82	6.455
0℃	7d	干基面	抗剪 1	厂家 1	22.41	5.6025
		干基面		厂家 2	19.46	4.865
		干基面		厂家 3	18.20	4.55
		干基面		厂家 4	19.81	4.9525
		干基面		厂家 5	30.49	7.6225
		干基面		厂家 6	22.16	5.54
-5℃	7d	干基面	抗剪 1	厂家 1	27.11	6.7775
		干基面		厂家 2	25.14	6.285
		干基面		厂家 3	27.29	6.8225
		干基面		厂家 4	17.24	4.31
		干基面		厂家 5	25.00	6.25
		干基面		厂家 6	21.40	5.35

续表

温度	固化时间	基面	受力形式	环氧树脂类型	破坏荷载（kN）	抗剪强度（MPa）
-10℃	7d	干基面	抗剪 1	厂家 1	20.19	5.0475
		干基面		厂家 2	18.06	4.515
		干基面		厂家 3	18.56	4.64
		干基面		厂家 4	18.75	4.6875
		干基面		厂家 5	26.74	6.685
		干基面		厂家 6	20.88	5.22

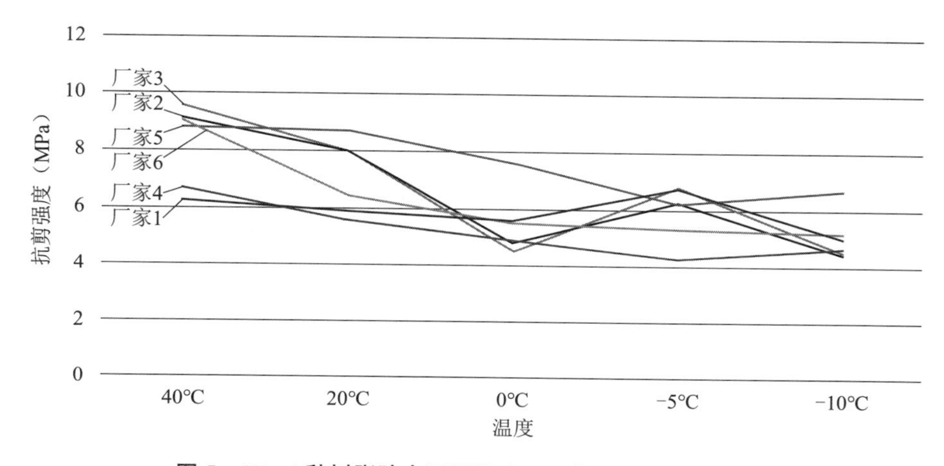

图 5-15 6 种树脂胶在不同温度下固化 7d 抗剪试验结果

结论：如表 5-7、图 5-16 所示，通过对六个品牌环氧树脂胶进行试验，在 20℃温度下，固化时间为 7d 条件下，对干基面、湿基面、蒸煮基面进行抗剪试验，可以得出，在 20℃温度下，固化时间为 7d 条件下，各环氧树脂胶在湿基面条件下抗剪性能影响较明显，厂家 3、厂家 4、厂家 6 在蒸煮基面条件下抗剪性能影响较

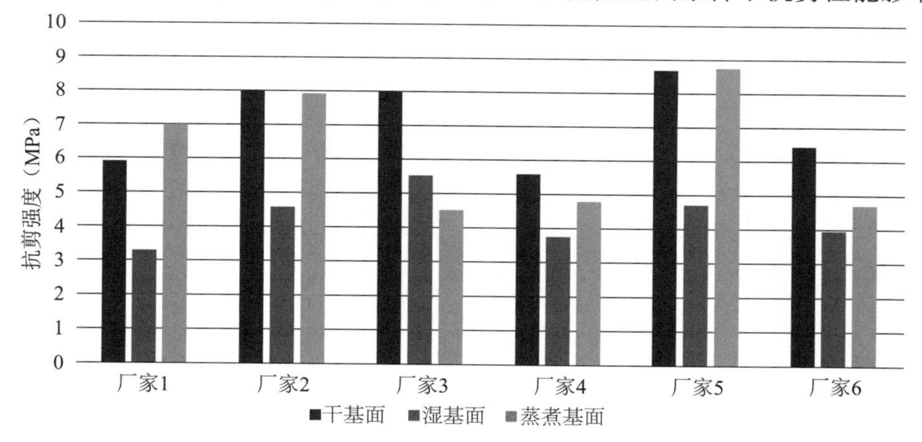

图 5-16 6 种树脂胶在 20℃下固化 7d 不同基面情况抗剪试验结果

明显，各环氧树脂胶在干基面条件下抗剪性能明显优于在湿基面、蒸煮基面情况。

树脂胶在20℃下固化7d不同基面情况抗剪试验结果表　　表5-7

温度	固化时间	基面	受力形式	环氧树脂类型	破坏荷载（kN）	抗剪强度（MPa）
20℃	7d	干基面	抗剪1	厂家1	23.74	5.935
				厂家2	32.07	8.0175
				厂家3	32.02	8.005
				厂家4	22.46	5.615
				厂家5	34.79	8.6975
				厂家6	25.82	6.455
		湿基面	抗剪1	厂家1	13.28	3.32
				厂家2	18.42	4.605
				厂家3	22.22	5.555
				厂家4	15.09	3.7725
				厂家5	18.92	4.73
				厂家6	15.93	3.9825
		蒸煮基面	抗剪1	厂家1	28.09	7.0225
				厂家2	31.76	7.94
				厂家3	18.18	4.545
				厂家4	19.20	4.8
				厂家5	35.08	8.77
				厂家6	18.89	4.7225

结论：如表5-8、图5-17所示，通过对六个品牌环氧树脂胶进行试验，在20℃、0℃、-5℃、-10℃温度下，固化时间为6h，干基面条件下进行对粘弯曲试验，可以得出，厂家2、厂家3、厂家5在-10℃、-5℃、0℃时环氧树脂未上强度，其他三种环氧树脂胶均在施加力时混凝土内部破坏，满足《预制节段拼装用环氧胶粘剂》T/CECS 10080—2020要求，与抗剪试验结果一致。

树脂胶在不同温度下固化6h干基面情况对粘弯曲试验结果表　　表5-8

温度	固化时间	基面	受力形式	环氧树脂类型	破坏荷载（kN）
20℃	6h	干基面	对粘弯曲	厂家1	5.30
		干基面		厂家2	2.50
		干基面		厂家3	5.00
		干基面		厂家4	5.82
		干基面		厂家5	5.10
		干基面		厂家6	4.80

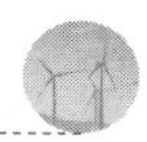

续表

温度	固化时间	基面	受力形式	环氧树脂类型	破坏荷载（kN）
0℃	6h	干基面	对粘弯曲	厂家1	3.60
		干基面		厂家2	0.00
		干基面		厂家3	0.00
		干基面		厂家4	6.03
		干基面		厂家5	0.00
		干基面		厂家6	4.40
-5℃	6h	干基面	对粘弯曲	厂家1	3.00
		干基面		厂家2	0.00
		干基面		厂家3	0.00
		干基面		厂家4	5.10
		干基面		厂家5	0.00
		干基面		厂家6	4.80
-10℃	6h	干基面	对粘弯曲	厂家1	3.50
		干基面		厂家2	0.00
		干基面		厂家3	0.00
		干基面		厂家4	4.99
		干基面		厂家5	0.00
		干基面		厂家6	4.50

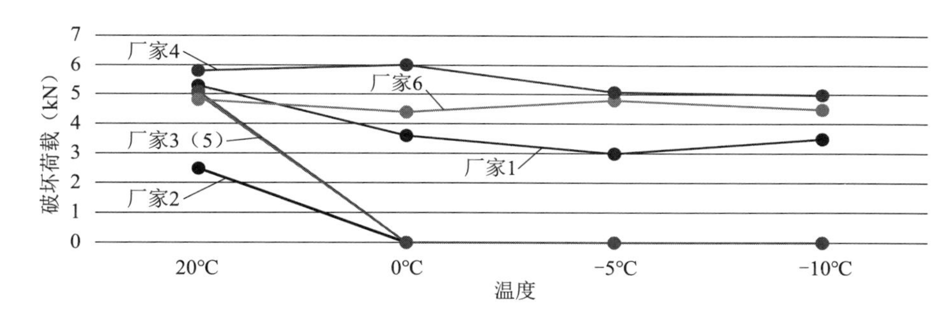

图5-17　6种树脂胶在不同温度下固化6h干基面情况对粘弯曲试验结果

结论：如表5-9、图5-18所示，通过对六个品牌环氧树脂胶进行试验，在20℃、0℃、-5℃、-10℃温度下，固化时间为24h，干基面条件下进行对粘弯曲试验，可以得出，厂家2在-10℃、-5℃、0℃时环氧树脂胶未上强度，厂家1在-10℃、-5℃时环氧树脂胶未上强度，厂家5在-10℃、时环氧树脂胶未上强度，其他三种环氧树脂胶均在施加力时混凝土内部破坏，满足《预制节段拼装用环氧胶粘剂》T/CECS 10080—2020要求。

树脂胶在不同温度下固化 24h 干基面情况对粘弯曲试验结果表　　表 5－9

温度	固化时间	基面	受力形式	厂家	破坏荷载（kN）
20℃	24h	干基面	对粘弯曲	厂家 1	9.68
		干基面		厂家 2	8.64
		干基面		厂家 3	8.26
		干基面		厂家 4	8.34
		干基面		厂家 5	8.10
		干基面		厂家 6	8.35
0℃	24h	干基面	对粘弯曲	厂家 1	7.35
		干基面		厂家 2	0.00
		干基面		厂家 3	9.16
		干基面		厂家 4	9.60
		干基面		厂家 5	10.16
		干基面		厂家 6	8.00
－5℃	24h	干基面	对粘弯曲	厂家 1	0.00
		干基面		厂家 2	0.00
		干基面		厂家 3	8.28
		干基面		厂家 4	9.51
		干基面		厂家 5	8.19
		干基面		厂家 6	9.26
－10℃	24h	干基面	对粘弯曲	厂家 1	0.00
		干基面		厂家 2	0.00
		干基面		厂家 3	9.29
		干基面		厂家 4	7.22
		干基面		厂家 5	0.00
		干基面		厂家 6	10.51

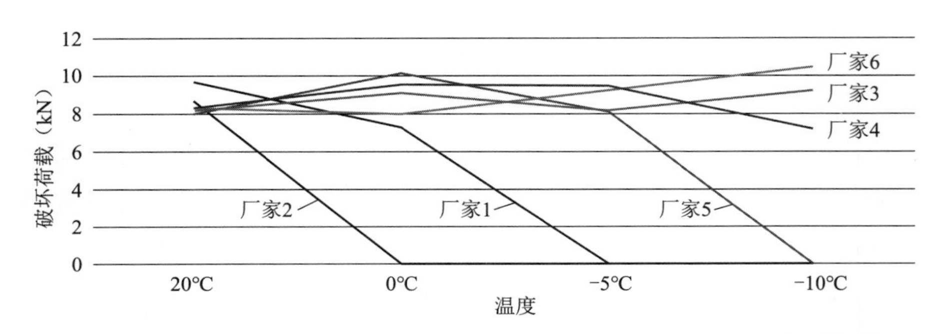

图 5－18　6 种树脂胶在不同温度下固化 24h 干基面情况对粘弯曲试验结果

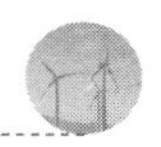

结论：如表 5－10、图 5－19 所示，通过对六个品牌环氧树脂胶进行试验，在 40℃、20℃、0℃、-5℃、-10℃温度下，固化时间为 7d，干基面条件下进行对粘弯曲试验破坏均发生在混凝土试块内部，可以得出，各厂家环氧树脂胶满足《预制节段拼装用环氧胶粘剂》T/CECS 10080—2020 要求，与抗剪试验结果一致。

树脂胶在不同温度下固化 7d 干基面情况对粘弯曲试验结果表　　表 5－10

温度	固化时间	基面	受力形式	环氧树脂类型	破坏荷载（kN）
40℃	7d	干基面	对粘弯曲	厂家 1	6.70
		干基面		厂家 2	7.83
		干基面		厂家 3	6.61
		干基面		厂家 4	7.75
		干基面		厂家 5	6.99
		干基面		厂家 6	7.87
20℃	7d	干基面	对粘弯曲	厂家 1	6.67
		干基面		厂家 2	7.73
		干基面		厂家 3	5.64
		干基面		厂家 4	6.84
		干基面		厂家 5	6.66
		干基面		厂家 6	6.67
0℃	7d	干基面	对粘弯曲	厂家 1	7.74
		干基面		厂家 2	8.59
		干基面		厂家 3	7.63
		干基面		厂家 4	6.72
		干基面		厂家 5	6.83
		干基面		厂家 6	6.07
-5℃	7d	干基面	对粘弯曲	厂家 1	6.77
		干基面		厂家 2	8.35
		干基面		厂家 3	7.36
		干基面		厂家 4	8.27
		干基面		厂家 5	7.70
		干基面		厂家 6	7.41
-10℃	7d	干基面	对粘弯曲	厂家 1	6.63
		干基面		厂家 2	7.22
		干基面		厂家 3	8.46
		干基面		厂家 4	8.02
		干基面		厂家 5	6.64
		干基面		厂家 6	8.08

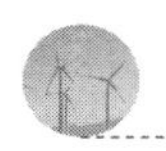

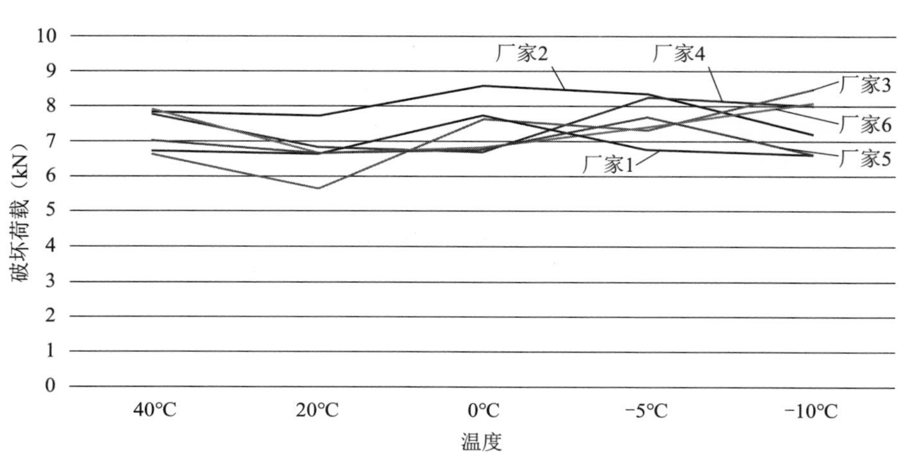

图 5－19　6 种树脂胶在不同温度下固化 7d 干基面情况对粘弯曲试验结果

结论：如表 5－11、图 5－20 所示，通过对六个品牌环氧树脂胶进行试验，在 20℃温度下，固化时间为 7d 条件下，对干基面、湿基面、蒸煮基面进行对粘弯曲试验，可以得出，在 20℃温度下，固化时间为 7d 条件下，厂家 1、厂家 4 环氧树脂胶在湿基面条件下抗弯性能影响较明显，其他厂家环氧树脂胶在干基面、湿基面、蒸煮基面情况下区别不大。

树脂胶在 20℃下固化 7d 不同基面情况抗弯试验结果表　　表 5－11

温度	固化时间	基面	受力形式	环氧树脂类型	破坏荷载（kN）
20℃	7d	干基面	对粘弯曲	厂家 1	6.67
				厂家 2	7.73
				厂家 3	5.64
				厂家 4	6.84
				厂家 5	6.66
				厂家 6	6.67
		湿基面	对粘弯曲	厂家 1	0.49
				厂家 2	5.35
				厂家 3	5.06
				厂家 4	3.26
				厂家 5	5.54
				厂家 6	6.01
		蒸煮基面	对粘弯曲	厂家 1	8.00
				厂家 2	6.06
				厂家 3	4.38
				厂家 4	6.74
				厂家 5	5.92
				厂家 6	6.69

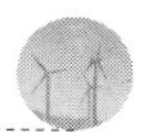

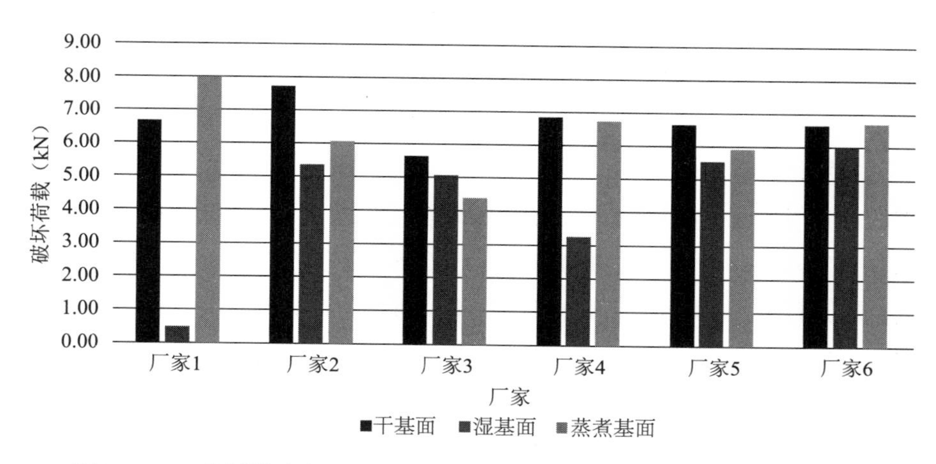

图5-20 6种树脂胶在20℃温度下固化7d不同基面情况对粘弯曲试验结果

根据本次试验结果，结合施工现场及厂家调研情况，对混凝土塔片拼装过程中，环氧树脂胶施工应注意以下内容：

（1）现场存放环氧树脂胶应有垫块，高温地区上部应有顶棚遮凉，低温地区应室内保温储存。

（2）环氧树脂胶在作业环境温度低于-5℃、高于35℃不得使用。

（3）环氧树脂胶使用时应按照厂家要求搅拌均匀，采用专用电动搅拌工具搅拌2~4min。

（4）环氧树脂胶搅拌应安排专人搅拌，且必须在环氧树脂胶开封后20min完成施胶，60min内完成拼接，否则报废处理。

（5）现场应留环氧树脂胶试块，每环预留标准试块3组（长×宽×高=160mm×40mm×40mm），并在每班组施工前现场测量胶的触变性。

（6）严禁雨天施工，保证混凝土塔架环片表面清洁、干燥。

（7）混塔段组装安装完成，环氧树脂胶试块强度、环片混凝土强度达到100%后，并经验收合格后进行预应力施工。

5.3 混凝土塔架环片拼装质量控制点

（1）拼装前准备

1）拼装专用工具检查

拼装前，场地应按照设计及技术文件要求进行平整、压实，并经压实度检测符合要求。拼装采用主机厂或预制厂提供的一体化专用拼装工装，应满足国际安全规范要求，首次使用前应进行荷载试验，合格后方可使用。

专用拼装平台拼装前应就位，附件安装完成无遗漏，各可转动、滑动的部位运转正常，调平设施运行正常并经复核合格。使用前，根据环片内半径，调整高分子承载滑板和定位机构位置。为了防止环段拼装时最后一片无法正常放入，在调整定位机构的位置时，其距离拼装平台的中心距离应略大于环片内径约 2~3mm，但一般要求其差值≤5mm。调整的目的和作用在于环片落位的时候能较为精准，减少拼装时候的环片径向方向的位置调整量。将定位机构拖动到环片使用位置，并固定在平台板上，调节定位推块到环片内径位置；将双头承载滑板和单头承载滑板底部聚四氟乙烯板面和油孔内抹上机油或润滑油脂等润滑剂，以减少与平台间摩擦力；要求保持平台和承载滑板间干净，无异物进入；调节各个分支平台两侧的调节支脚，使所有高分子承载滑板同一水平面内，调节完成后使用激光扫平仪等检测工具进行检验，保证每个高分子承载滑板顶面水平度不大于 1mm。

2）吊车及拼装工具

①吊车及附件：主吊的吊装作业半径宜为 14~30m 最佳，其性能应满足拼接完成的预制混凝土塔架整环及附件的重物起吊，应查询不同厂家吊车吊装能力，并结合工程实际情况，考虑混凝土有塔架整环最大重量、尺寸、吊车有效作业半径、施工平台面积、施工现场气候环境、运输道路等方面因素，经过多方案比选，同时考虑吊装的安全、质量、进度及费用进行起重机选型。

履带式起重机相对于汽车式起重机更适合风电项目现场进行施工，具有更大的承载能力和稳定性，但工作效率低于汽车式起重机。具体选择汽车式起重机还是履带式起重机取决于具体的工作环境和项目公司的需求。拼装场地情况较差，建议采用履带式起重机作为主吊，可以使用履带式起重机+路基板形式进行拼装作业。

吊索、吊具必须是专业厂家按国家标准规定生产、检验、具有合格证和维护、保养说明书。吊带表面没有磨损、边缘割断、裂纹及其他损坏；缝合处无变质；吊带没有老化。吊带长度的选择应根据不同体型的混塔以及最大直径的混塔段起吊时吊带与混塔的角度进行选择确定。

②拼装工具：拼装工具的好坏也会影响拼装的效率和安全性，所以施工前应检查拼装工具的齐全性、配套性（如力矩扳手的力矩范围）。检查工具的完好性，并查看工具的合格证、校验证书、使用期限等。按照工具的使用说明和操作规定正确使用工具。专用或特殊用途工具使用前应试用，以校验其可靠性。液压千斤顶、力矩扳手、钢直尺等需检定的工器具，必须按照厂家及行业标准送检，合格后方可使用，禁止使用不合格或过期的工器具。

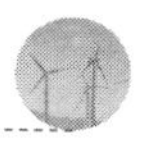

③混凝土塔筒拼装所需工具清单，如表5－12所示。

混凝土塔筒拼装所需工具清单（根据实际需要填写）　　表5－12

序号	名称	型号	数量（根据需要确定）	备　注
1	调平垫片			材料为Q355/高分子树脂材料
2	自锁千斤顶	50t		液压油泵与千斤顶配套，主要用于防止地基沉降造成拼装误差，采取临时性支撑
3	手动液压油泵			
4	力矩扳手			用于栓力矩测量
5	普通扳手			用于螺栓紧固
6	环形吊带	30t；$L=9$m		塔筒拼装
7	万向吊环			
8	弓形卸扣			
9	捯链	15t/20t		拼装时对塔筒分片进行微调
10	手持电动搅拌器			搅拌环氧树脂粘结剂
11	手持砂轮机			勾缝使用
12	抹灰刀			环氧树脂粘结剂施工时使用
13	托灰板			
14	梯子			
15	钢卷尺	10m		检查拼装误差时使用
16	水准仪			放置调平垫块时使用
17	发电机			搅拌环氧树脂粘结剂或打磨竖缝时使用
18	配电箱			
19	吊钩			铺设混凝土垫块时使用
20	起重机	180t		混塔拼装使用

3）拼装材料检验

在项目开始吊装施工前需要对现场已到货的环氧树脂胶、弧形螺栓进行第三方检测。

其中同一批次的环氧树脂胶检测代表批量为10t/批次，弧形螺栓检测代表批量为3000根/批次。

（2）拼装

1）拼装流程图，如图5－21所示。

2）场地平整：场地平整属于拼装准备阶段应完成工作，指在风机机位平台移交前应按照施工图纸要求进行平整、压实，可以先采用挖机进行粗平，然后人工找平，最后使用场内道路施工的压路机进行碾压密实，要求其地基承载力满足设计图

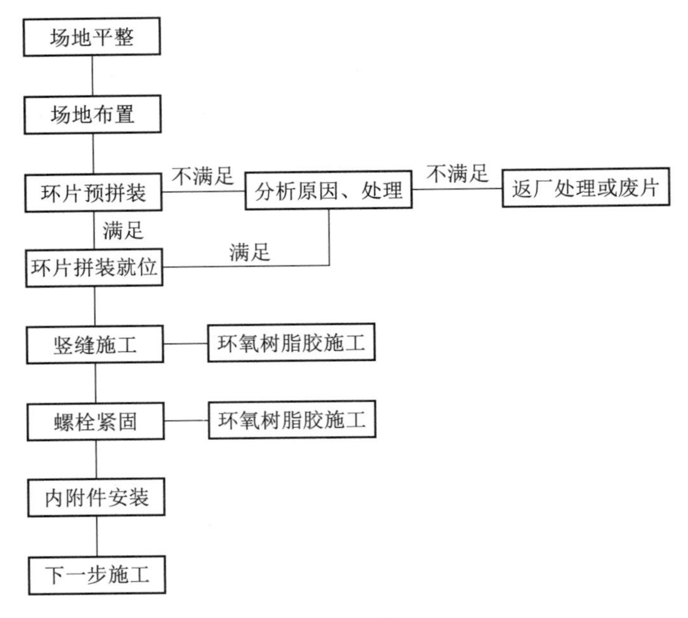

图 5-21　拼装流程图

纸及吊装专项方案要求，设计图纸及吊装装箱方案未作要求时，地基承载力不宜小于 130kPa，避免在吊装过程中，因为地基的不均匀沉降造成专用拼装工装及吊车倾斜而导致事故的发生。

3）场地布置：场地布置指根据施工平台的尺寸、形状、风机位置及连接道路的位置，合理布置平台内各区域功能，有主吊作业区、辅吊作业区、混凝土塔架环片存放场地、拼装场地等区域。工程上常出现由于气候原因，导致施工场地压实度无法达到吊装及拼装要求，所以可以根据施工平台地基承载力情况选择在吊车、拼装区域铺垫钢板，以增加地基承载力，可选择满铺也可根据实际需要进行钢板的铺设。

4）环片预拼装：待所有准备工作完成并验收合格后，进行环片预拼装。预拼装是指在已经准备好的拼装工装上，进行环片的试拼。现场使用辅吊，采用专用吊装工具将任意一片环片缓慢吊起，在距离地面 20cm 时静置一段时间，确保安全后缓慢移动至拼装工装上方，通过吊装工装将混凝土塔架环片调节至事先定位的位置，两个定位销中间，拼装工装环片就位后采用斜撑对环片进行固定，防止环片在施工时发生倾斜或倾倒。根据环片直径要求，使用定位机构的千斤顶调节环片位置，使环片与中心定位架同心，如图 5-22 所示。

混凝土塔架环片拼装顺序见图 5-23，以 4 片式环片为例，第一步将第一片按照提前测量准确的位置平稳摆放；第二步将对侧混凝土塔架环片按照提前测量准确

图 5－22　斜撑安装示意图

的位置平稳摆放，然后对已经摆放就位的混凝土塔架环片进行复测，复测合格后进行下一步；第三步式对已就位混凝土塔架环片相对应的里面按要求涂抹环氧树脂胶，后吊装第三片混凝土塔架环片就位，并对高强螺栓进行预紧；第四步与第三步相似，使第四片混凝土塔架环片就位。

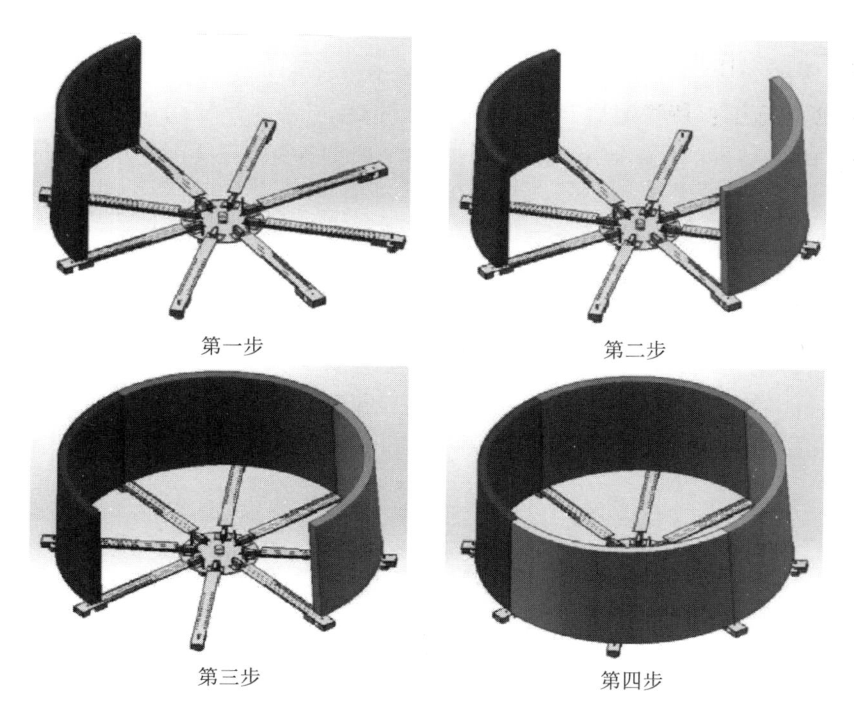

图 5－23　混凝土塔架环片安装顺序

根据事先划定的环片直径，在拼装工装上使用定位机构的千斤顶进行环片位置的调节，调整完成后开始进行螺栓预紧，人工将两侧螺栓同时对称穿入预埋件内，并进行紧固；若螺栓无法拧入预埋件内，需通知项目部人员进行检查，制定相关措施后重新进行拼装。紧固完成后通过钢卷尺检查塔筒直径及顶面平整度，满足图纸设计要求后即试拼完成。预拼装后对整环进行测量，拼环尺寸的允许偏差及检验方法，见表5－13所示。

拼环尺寸的允许偏差及检验方法　　表5－13

编号	项目	允许偏差	检验方法
1	整环外径	±4mm	钢卷尺测量
2	定位销	≤2mm	
3	整环顶面水平度	≤2mm	激光标线仪、水准仪

如果预拼装后，测量允许偏差大于上表的要求，则由设计人员、现场技术负责人根据现场实际情况分析原因，经处理后可以满足要求的继续下一步工序，如不满足要求的需返厂进维修或废片处理。

5）环片拼装就位：待预拼装合格后可以进行正式拼装工序。将其中一片环片通过辅助吊车或专用拼装平台的定位机构向外或向上平移，保证工人可以安全地进行树脂胶涂抹工作。

6）竖缝施工：待稳定后，工作人员在单侧环片立面螺栓孔处粘贴2mm厚的树脂垫片，用于避免环片螺栓紧固时发生硬链接后损伤环片，如图5－24所示。工作人员使用硬毛刷清理粘结面表面浮灰，保证粘结面干净，无灰尘、油渍等污染物，基面必须干燥或潮湿但无明水随后将已搅拌均匀的环氧树脂粘结剂用抹灰刀和托灰板均匀地涂抹在混凝土塔架环片接触面上，涂抹时应注意保持接触面清洁干燥，避开螺栓孔位置，涂抹厚度宜控制在3～5mm。涂抹完毕后通过专用拼装上的定位机构或起重机，使环片就位，通过人工调整定位机构上的千斤顶将两分片接触面调整至平行相贴合状态。

图5－24　预制环片竖缝施工图

注意事项：

①施工现场所使用的树脂胶均应按照《工程结构加固材料安全性鉴定技术规范》GB 50728—2011 的规定进行安全性鉴定，同时，对设计使用年限为 50 年的结构胶，应通过耐湿热老化能力和耐长期应力作用能力的检验。

②混凝土塔架采用树脂胶进行连接时，清除表面的松散物、灰尘、油污等杂质，保证混凝土面应保持干燥或潮湿无明水，严禁雨天进行混凝土塔架拼装施工。

③应根据工程实际条件进行树脂胶的选择，使其性能满足现场需要。考虑到树脂胶的理化性质，树脂胶作业环境温度不应低于−5℃，且不应高于 35℃。施工时应保证竖缝、水平缝干净且干燥，在下雨过程中禁止拼装施工，在雨后应对竖缝、水平缝进行干燥处理，经监理确认后方可进行树脂胶涂抹。

④材料拌合是将 A、B 组分混合在一起，主要遵循两个基本原则，一是要混合充分；二是要随时用随时搅拌。用钳子打开一组 A、B 组分包装，用手提式搅拌机分别将 A、B 组分低速预搅拌，然后将 B 组分全部倒入 A 组分中，再进行彻底搅拌；用量小于一组的情况下也可以用刮刀或铲子将 A、B 组分按照体积比 3∶1 的比例挖出，放到铁板上用铲子充分混合搅拌；桶内未使用的料将盖子盖好防止变质；使用手提式搅拌机和螺纹搅拌头进行搅拌，避免在搅拌过程中将过多的空气带入混合材料中。注意控制一次搅拌的量，使材料可以在适用期内用完。搅拌 2~4min 时，可通过外观色差辨别是否搅拌均匀，建议用刮刀将桶内边缘的混合物兜底翻一次，使材料能更好地混合。搅拌时间宜控制在 3min 左右，直至获得颜色均匀的混合物。

⑤工具：准备手提式慢速搅拌器、搅拌容器、抹刀、齿刮板、橡胶手套、口罩、护目镜、刷子、锤子和凿子等工具。为了能够使树脂胶搅拌均匀，禁止手提式慢速搅拌器采用弧形搅拌头，如图 5－25 所示。搅拌位置尽量在施工点附件，避免由于运输过程浪费时间，导致树脂胶混合后质量下降。

⑥一般而言，操作人员可分竖缝拼装刷胶组和环缝拼装刷胶组，分别由环片拼装人员和整环塔段吊装人员组成，各司其职；根据刷胶工作量合理安排刷胶人员数量，要确保不断料，且控制在有效的适用时间内完成。竖缝刷胶时候要注意根据用量搅拌粘结剂，涂刷均匀地同时控制涂刷厚度。在单个环片拼装前再次确认用抹布清理环片竖向拼缝表面灰尘，保证基面干净，没有灰尘、油渍等污染物；基面应干燥或者潮湿，没有任何积水或冰等。粘结剂涂刷均匀后进行环片拼装作业。

⑦结合现场施工经验，在混凝土塔架环片拼装前，为了保证塔片不发生磕碰损坏，应在螺栓孔位置用胶水粘贴一个 2mm 厚的树脂垫片，特别是已经发生过崩边

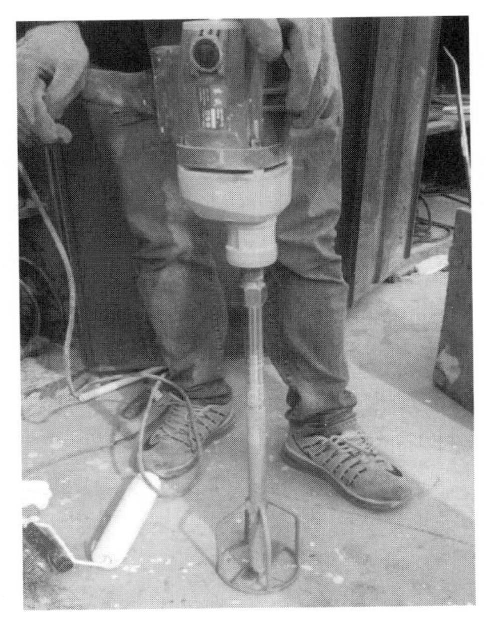

图 5－25　环氧树脂胶搅拌器

的环段一定在竖缝粘贴环氧树脂垫片，用以保证后续螺栓紧固工作中保护混凝土塔架环片，避免螺栓紧固时两环片间由于产生硬连接而出现压溃混凝土、裂纹等事故的发生。垫片规格尺寸建议为外径 100mm、内径 40mm、厚度 2mm 的环形，如图 5－26 所示。

图 5－26　预制环片竖缝垫片固定

⑧在混凝土塔架环片断面涂抹环氧树脂胶时，为了保证环氧树脂胶在螺栓紧固时有一定厚度，所以树脂胶涂抹厚度应控制在 3～5mm 为宜，并涂抹均匀。同时，为保证拼接缝中不产生空鼓或气泡，要求树脂胶涂抹时保证中间厚、两侧薄，严禁中间薄、两侧厚或单侧厚的涂抹方式。

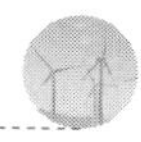

⑨一般情况下，树脂胶涂抹时间应在树脂胶搅拌后 40～60min 内完成，气温低时或高时均相应缩短时间，要求树脂胶随时用随时搅拌，避免浪费。

⑩树脂胶进行涂抹时应同时随机留置试块，建议尺寸为 40mm×40mm×160mm。用于判断后期预应力施工开始的条件。

⑪树脂胶的质量受温度影响较大，存放时应避免过高或过低的温度。应存放在宽敞通风干燥、阴凉处，防止吸入潮气，避免阳光直照，高温地区应设置顶棚遮凉，低温地区应室内保温储存。一般最适宜的保存温度为 5～25℃。过高的温度会导致环氧树脂胶在容器中过早固化，而过低的温度会影响其流动性和粘接性能。

⑫树脂胶的保质期一般在开封前为 12 个月，开封后则为 6 个月。这个保质期是在规定的储存条件下——干燥、阴凉、通风、避光的环境下计算得出的。虽然树脂胶开封后，经过妥善密封和保存（盖紧容器盖子，以防潮气和尘埃进入，影响胶粘剂的性能，并使用专门的密封带或封口膜确保良好的密封性能）仍可继续利用，但因为施工现场环境多数比较复杂和恶劣，建议现场树脂胶开封后立即使用，剩余部分直接作为建筑垃圾处理。

⑬螺栓紧固：人工进行螺栓穿孔，按照设计要求进行螺栓紧固，使两环片拉紧，并不是将螺栓力矩加到设计值。螺栓力矩值应根据实际要求分两次打力矩，至设计值后达到可以使环氧树脂胶在全断面竖缝四周溢出，挤出胶高度至少 5mm，则可认为树脂胶充满竖缝。拼环时，建议可以在竖缝底部放置胶桶，拼环时挤出的胶落入胶桶内，供拼装下个环片时使用。环段拼装完成后应及时对竖缝挤出来的环氧树脂胶进行抹平美缝处理，增加混凝土塔架的美观性。

在使用螺栓前，应对螺栓丝牙以及螺母进行防腐出处理——涂刷二硫化钼。弧形螺栓丝牙上涂刷二硫化钼时需将丝牙用小毛刷涂刷一层薄膜，螺母不带字母一侧涂刷二硫化钼。

在打力矩之前，要求人工对螺栓垫片位置角度进行旋转调整，以使其贴合混凝土面，同时把螺母用手拧到把垫片压紧，使螺母以及螺栓六角头间的空隙最小（不大于 0.5mm），如图 5－27 所示。

在竖缝刷胶时，需要注意环氧树脂胶不能进入环片立面的弧形螺栓预埋管中。刷胶到预埋管口位置时，可使用小型刮刀进行局部刷胶。如果在刷胶时不慎将环氧树脂胶进入预埋管中，一般集中在管口位置，量不会很大，深度也不会很深，可以用毛巾或者手套将其擦干净。

重复上述步骤放置第二片相邻环片，注意在放置环片时，使第二片环片与第一片环片相距不超过 20mm，主要依靠吊车和环片拼装人员的相互配合。

图 5－27　预制环片竖缝螺栓紧固

7）拼装完成：重复上述步骤，将整个环片拼接为一个整环并用螺栓拉紧，要求各环片间无缝隙即可。按照预拼装后的尺寸偏差及检验方法对整环进行检查复测，满足设计及规范要求后，开始对所有螺栓进行打力矩施工，通常要求分两次紧固，第一次紧固力矩为设计值的 70%，两条相对竖缝同时进行打力矩施工，先打上部螺栓，然后打下部螺栓，最后打中部螺栓；第二次紧固力矩值达到设计值的 100%，顺序与第一次力矩一致。

8）力矩检查并复核拼装偏差：起吊之前螺栓应全部再按照设计扭矩紧固一遍，防止在起吊过程中，因扭矩力值不够造成分片上下发生错动。起吊前仍需对螺栓紧固力矩进行验收，验收时拍照进行记录。采用力矩扳手复核螺栓扭矩值，均达到设计要求后画上防松线，如图 5－28 所示。使用卷尺等设备检查塔筒直径、上下表面平整度等偏差进行复核，均要求满足设计图纸、技术文件及规范的要求。

环片成环后内外径检验，应采用钢卷尺在同一水平测量断面上选择间隔约 45°的四个方向测量。利用扫平仪对塔架段水平度进行测量。

9）勾缝处理：拼装完成后应检查竖缝处环氧粘结剂是否饱满，并进行勾缝处理；若环氧粘结剂固化以后，竖缝位置仍然不平整，需人工拿手持砂轮机进行打磨处理；对于拼装完成后产生的错台，底面环氧树脂粘结剂固化过程中产生的流挂等

图 5－28　预制环片螺栓防松标记

现象，应采用角磨机磨平处理；混塔内部两分片拼接处的倒角应采用环氧树脂粘结剂进行抹平处理，如图 5－29 所示。

图 5－29　预制环片拼装竖缝处理

10）混凝土塔架内附件安装：风力发电机组塔架内部有多种附件，例如爬梯及其附件、基础平台、电气柜、转换段平台、电缆桥架及附件等，均需要在地面安装完成。塔架内附件安装前应对拼接完整环内部预留孔、预埋件位置、规格按照设计图纸及技术文件进行复核，并与安装的附件进行核对，均满足设计及技术文件要求，在厂家技术人员指导下可进行安装。

风机混凝土塔架内部的爬梯主要作用是混凝土塔架环片吊装施工中工作人员的上下作业、用于电缆桥架的支承和固定、风力发电机组整体吊装完成后免爬器或电梯的安装等。电缆夹板主要用于塔架内部电缆桥架的支撑和固定，安装前应按照设计图纸、技术文件逐项进行核对，在技术人员的指导下，按照设计文件要求的型号、规格、尺寸、位置进行施工。爬梯、电缆桥架、灯具等的安装可以在环片拼装完成后、吊装前进行。在爬梯、电缆桥架等金属附件安装完成后，为了保证施工中用电安全，应按照设计图纸、技术文件要求，用接地跨接导线将各个环片在水平方向上连接。接地线的安装严格按照图纸及规范的要求进行，如图 5－30 所示。环片制作时其内侧已经预埋有内套筒带螺纹的接地埋件，接地线的安装顺序：按照设计图纸规定的型号，首先将螺丝/螺栓装上弹垫，再装平垫，把组合好的螺丝穿过接地线线耳上的通孔，与预埋的接地埋件螺纹拧紧即可。安装时，要求平垫紧挨线耳的表面，保证导通。其中，要求必须安装弹簧垫圈，防止后期运营阶段由于混塔的振动导致螺母松动，起到防松的作用。

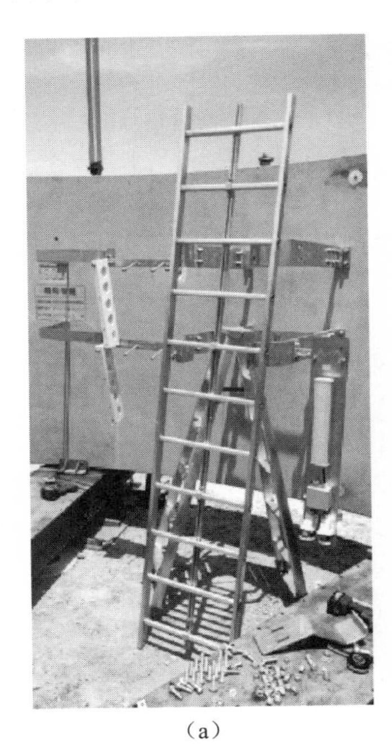
（a）

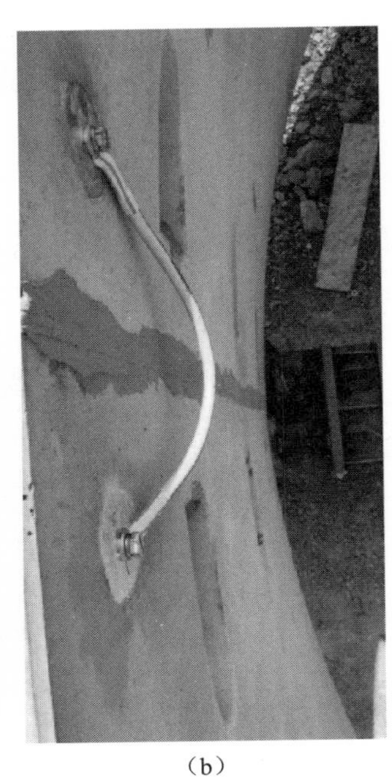
（b）

图 5－30　预制环片附件安装

（a）爬梯安装；（b）接地线安装

5.4　混凝土塔架吊装质量控制点

通过对在建混塔项目进行调研，并结合近期组织召开的“树脂胶技术研讨会”情况，以及我们委托高校进行树脂胶抗拉、抗剪试验结果，各主机厂家、树脂胶厂家、高校、行业内树脂胶方面专家一致认为，混凝土塔架环片拼装完成即可进行吊装工作。在吊装过程中，高强度螺栓起到抗拉、抗剪的作用，而树脂胶在这个过程中还未硬化，强度不能起到连接作用。但是后期随着时间的增加，树脂胶强度达到设计及厂家要求后，树脂胶的强度高于混凝土塔架混凝土最少一个等级，所以高强度螺栓不再起抗拉、抗剪的作用，硬化后的树脂胶起抗拉、抗剪作用，运营期可不再对高强度螺栓进行维护。具体吊装阶段的质量控制点如下：

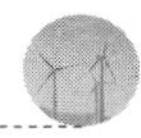

(1) 吊装施工平台

施工平台均由主机厂家针对混塔直径的参数进行设计，用于混凝土塔架吊装过程中承载工作人员及必要的小型工器具，为工作人员提供高空施工作业的平台。施工平台使用混凝土塔架吊装现场的起重设备作为提升或下降的动力。每一个施工平台分为多块，在混凝土塔架吊装现场进行拼装，可以组合成不同直径的施工平台，适合不同直径的塔架吊装。吊装时，施工平台使用起重设备作为其上升或下降的动力。

吊装施工平台的组成包括护栏、平台底板、吊耳等，各主机厂家均有其独特的设计理念，但大致相同，如图 5－31 所示。

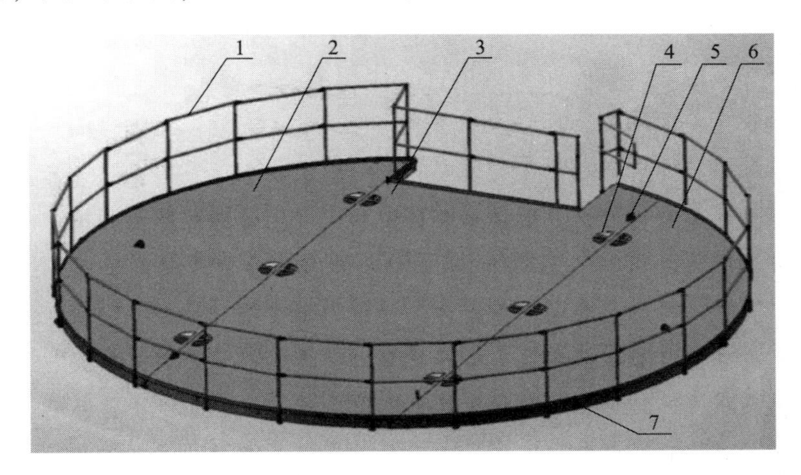

图 5－31　吊装施工平台

1－通用护栏；2－平台分片；3－平台分片；4－螺栓安装手孔；
5－平台安装吊耳；6－平台分片；7－平台使用主吊耳

(2) 吊装准备

吊装场地要求与拼装场地要求一致，应确认现场道路和工作区域的地面承载力满足设计要求，可以承载混塔设备和大型吊车的自重及工作期间的重量。安装工作现场采用警戒线或防护栏进行封闭，不允许未经许可的人员进入，相应警示标识已经安装，吊车工作范围应界定清楚。

吊装前需检查塔架段专用吊索具和吊带外观是否有破损，发现有破损现象及时进行更换。要根据混凝土塔架吊钉大小和载荷等级选用合适的吊具。按照厂家技术要求布置吊点，吊绳方向与水平面夹角不小于 60°，建议厂家配备专用吊装工装（平衡梁等工具），保证整环重量由每个吊点均摊。

按照吊装顺序，施工现场首批混凝土塔架环片及附件已经运输抵达现场，经建设单位、监理单位、施工单位和设备厂家一同验收合格并签收，根据施工方案要求，将设备卸货到指定区域并安全、稳定堆放。

施工前确保工作区域附近无架空高压输电线缆等影响吊装作业安全的障碍物。并且已施工完成的箱变基础、集电线路等不能影响混塔存放或者吊车安拆、吊装。

风机基础施工验收合格，风机基础内、外应清理干净。

施工场地应平整、压实、无坑洼，满足混塔环片及附件的存放以及吊车的移动的要求。施工场平范围内有积水、积雪、积沙土等需事先进行清理，使施工平台满足车辆行驶要求后才可以允许进入车辆并开始工作。在雨水、大雾比较多的现场要求混塔摆放一定要避开易积水的坑洼地带，对存在雨水将会流淌经过的区域禁止摆放部件。混塔摆放区域要避免因风沙刮走或者雨水带走软土而出现沟壑，或者使底部出现漏洞或者塌陷；要防止部件出现不同程度的倾斜、翻倒损坏部件等情况发生。对山体旁边、山坡旁边、湖泊河流旁边、明火作业区域、有易燃易爆物体旁边等存在安全隐患的区域严禁摆放混塔。

施工平台面积满足厂家及吊装方案技术要求，保证吊装车辆布置、移动及混凝土塔架工作需要。

吊装作业前应由项目专业工程师编写混塔吊装方案及吊车安拆方案并组织专家论证，报审专家论证相关报告及专家证件及方案。

1）资质检查：风电机组塔架安装单位技术水平的高低直接影响工程的施工质量及安全性，避免对后期移交生产后造成不必要的风险，所以要求风电机组安装单位具备设备安装资质，具有风电机组安装施工经验，并且未出现过由于安装质量不合格而发生业主投诉、安全事故等问题。对于安装单位而言，专业的技术人员决定其安装施工质量的优劣，所有安装单位要对技术人员进行定期的技术培训，随着市场的需要掌握先进的技术，不仅提高施工质量和工作效率，也提高了安装单位在行业内的声誉，为更好地拓展业务创造条件。

安装单位的特种作业人员必须持证上岗，例如电工、焊工、高空作业人员等。安装单位应为进入施工现场的作业人员投保，要求定期进行体检，保证进入现场的工作人员身体健康。

2）风机基础交接检查：交接检查为了防止上道工序成品未经验收合格就转入下道工序，同时也是为了划清责任，确保工程的顺利进行。风机基础交接工作尤为重要，安装单位要在建设单位、监理单位在场的情况下，与风机基础施工单位一起按照施工图纸及厂家技术文件要求，对已完工程进行交接检查，检查内容如表 5 - 14、表 5 - 15 所示。

基础检查清单　　表 5－14

步骤	动　　作	描　　述
1	复核基础施工文件，确认基础施工是否符合施工要求	复核施工验收合格文件（基础混凝土压实报告、回填压实度、接地电阻等）
2	检查塔筒门位置标记	参照基础施工图纸
3	检查电缆穿管	电缆穿管施工应符合电气施工验收要求； 凸出基础的电缆穿管端头应妥善防护
4	清理基础坐浆凹槽	使用扫帚或压缩空气机清理基础内、外侧的垃圾； 使用毛刷或大布清理基础凹槽的脏物
5	检查喇叭口	基础喇叭口应满足预应力张拉要求
6	检查基础埋件	按照基础施工图纸核对埋件位置及数量

风机基础交接检查内容及检查方法　　表 5－15

检查项目		设计要求	检查方式
1	基础预埋件水平度	≤10mm	水平度测量
2	基础预应力孔道偏差	≤10mm	直尺
3	定位销轴中心度	≤2mm	直尺
4	基础接地电阻	≤4Ω	电阻测试仪测量
5	基础锚垫板密实度	无疏松、孔洞	目测，锤击

①验收应依据施工蓝图、厂家技术资料，建设单位、监理单位、基础施工单位、安装及吊装单位共同参与，并作好记录。

②根据施工图纸实地测量基础尺寸及标高是否满足基础设计要求，预留孔及定位销位置是否满足要求。按照施工图纸及厂家技术文件检查所有预埋件的位置、规格型号、尺寸是否满足施工蓝图及厂家技术文件要求，如预应力管道、锚垫板，接地埋件，电缆孔道等应重点确认预应力孔道位置、尺寸是否与施工蓝图及厂家技术文件要求一致。

③确认基础灌浆槽内部混凝土面标高偏差是否满足设计要求，偏差不超过10mm，并且确认基础混凝土无松散等缺陷，对于凸出较为明显的位置可初步用錾子等工具进行剔除找平。重点检查基础凹槽中预埋定位埋件位置是否正确、水平度是否达到现场施工要求。另外还要注意检查其他预埋件的位置是否符合设计要求。

④根据观察稽查缺资料，确认混凝土基础浇筑完成后养护满足施工图纸、国家规范标准的要求，采用回弹仪测定基础混凝土强度，并如实记录。混凝土强度达到基础施工蓝图要求后，方可进行塔架安装。

⑤实地测量风电机组混凝土塔架拼装场地及环片堆放场地面积是否满足厂家技术文件的要求，吊装平台尺寸是否满足工作需要，建议每个拼装场地面积为直径15m的圆形，环片堆场不小于15m×15m。吊装场地应平整、坚实、有良好的排水措施，现场压实系数应不小于施工蓝图要求，建议压实度不小于0.95。吊装混塔的主吊和辅吊站位要满足专项吊装方案的要求，并且地基承载力满足吊装方案要求，根据吊装单位吊车选型确定。在临时堆场地四周做好防护设施并设置警戒标识，安全标志，禁止非工作人员进入施工现场。

通过调研，140m高的风电基础混凝土塔架总重量约为1600t，吊装完成后将整体压在风机基础上，为了保证风电机组整体的稳定性，就需要风机基础强度达到设计强度的100%。

3）安装专用工具检查：吊索、吊具必须是专业厂家按国家标准规定生产、检验、具有合格证和维护、保养说明书，报废标准应参考各吊索具相关报废标准。吊耳螺栓无弯曲，螺栓、螺母的螺纹无变形、无损坏。吊具焊接件无裂纹、开裂现象，无弯曲、永久变形、损坏现象。吊带表面没有磨损、边缘割断、裂纹、缝合处无变质、没有老化及其他损坏。

钢丝绳应无损坏与变形的情况，特别注意检查钢丝绳在设备上的固定部位，发现有任何明显变化，应立即报告主管人员以便采取措施。吊车械钢丝绳的报废请按照现行国家标准《起重机 钢丝绳 保养、维护、检验和报废》GB/T 5972 执行。吊装内操作平台必须使用厂家生产的专用操作平台及吊具。

激光垂准仪、激光标线仪等需检定的计量器具，必须按照厂家及行业标准送检，合格后方可使用，禁止使用不合格或过期的工器具。

4）吊车及安装工具：应查询不同厂家吊车安装能力，并结合转场效率情况，应从安装场地及转场道路角度出发，考虑吊车选型。吊车组装完毕吊装前须按照设计进行载荷试验，试验合格后方可进行吊装作业。

5）环氧树脂胶的生产厂家应提供材料合格证明文件，施工单位应进行进场验收、检验批验收。环氧树脂胶进场时应由国家认可的具有CMA资质的第三方检测机构进行送检复验，可根据需要增加1d、3d、28d的抗压强度检验。

6）验收和卸货：设备运输到现场后，现场工作人员应根据运输文件对设备进行检验，验收合格后，进行卸货并存储在项目现场指定的位置。如有验收不合格，遵照现场管理流程进行处理。

（3）吊装

吊装流程图，如图5－32所示。

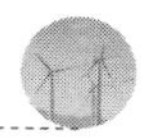

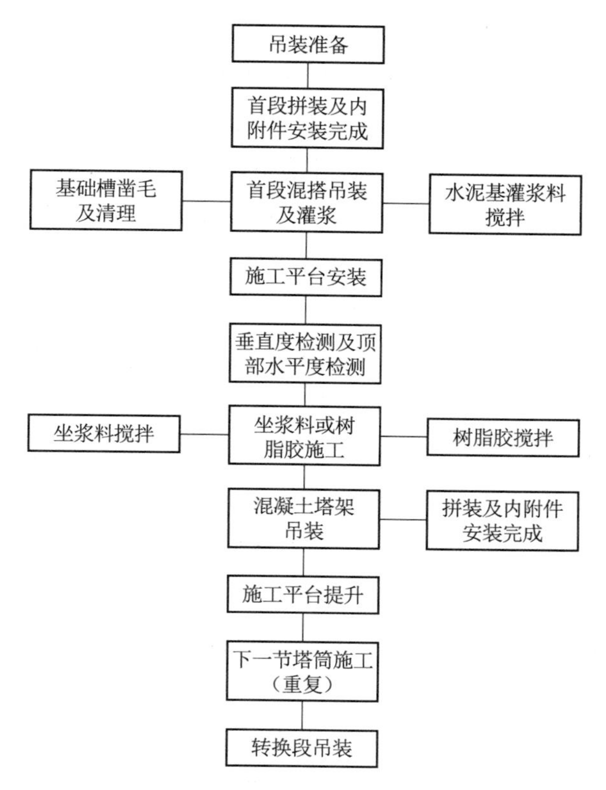

图 5－32　吊装流程图

整个吊装过程分为首段吊装、中间段吊装、转换段吊装。整个吊装过程中起吊、移动、就位应缓慢进行，防止磕碰损坏。每段坐浆完成后需对垂直度和顶部水平度进行测量，根据实测结果对顶部调平垫片进行调整。禁止雨天进行吊装作业。每节坐浆均要求水平缝全部溢浆，内外部抹压密实。

1） 首段吊装：

首段塔筒吊装应在准备工作就绪、首段塔筒拼接及内附件安装完成且满足设计要求的基础上进行。首段塔筒与基础连接采用坐浆的方式，将基础凹槽凿毛、清理干净，用高压水枪进行清洗，保证表面在吊装时保持湿润状态，但坑洼处不应有积水。同时采用高压水枪清洗首段塔筒底面与内外侧面，确保底面和内外侧面无泥土、油污等污染物，冲洗完成后，底面不应有大水珠粘附。

在首环落位、基础灌浆前，需要对基础顶面凹槽内注满水进行浸泡，对凹槽进行充分湿润；浸泡时间不得低于 24h，并需要在灌浆前 1h 清除积水，清除积水可以使用小型抽水泵。最后水泵无法清除的水，可以使用拖把、大型吹风机、毛巾等设备进行清除，要求凹槽无明水。

在首段安装槽中每个环片下方放2组调平垫片，调平垫片位置放置环片底部两头位置，保持环片稳定。调平垫片为外径100mm内径40mm的环形。用胶水将每个位置的调平垫片紧密贴合后粘在一起，防止垫片倾倒，同时用胶水将调平垫片与基础粘在一起。利用扫平仪对以上点位环形垫片上表面进行水平高差测量，通过调整调平垫片的数量和厚度安装槽内所有调平垫片处于同一水平位置，高低差要求不得大于2mm。要求每个点位的垫片厚度不得低于10mm，且不得高于20mm。拍照详细记录每个点位的角度位置和垫片高度。

将定位销安装在基础预留的定位孔内并在每个定位销处放置一个2mm厚的调平垫片，用扫平仪进行扫平，使误差控制在不大于1mm。

首段试吊时应注意门洞朝向，根据定位销轴位置、拼缝位置以及电缆埋件位置确定门洞方向，防止和基础钢绞线孔位发生冲突。特别注意第一节塔架的0°、180°线和基础0°、180°线对齐起吊时，应对塔架段底部进行检查，主要查看是否有凸点、杂物、污染。

吊装时用采用厂家提供的专用吊具及螺栓吊环进行吊装，吊装时将螺栓吊环安装到吊装埋件中并拧紧，确认吊装设备及吊具处于安全操作状态方能吊装。通过吊车操作，缓缓将首段落于基础凹槽内，且混塔边缘与基础凹槽无磕碰，定位销轴可正常穿入首节塔筒限位孔内，然后起吊至基础外侧，距地20cm悬停即试吊完成。

首段塔架就位后再次复测首节塔架段顶面水平度，根据测量数据结果确定是否需要用调平垫片继续微调，确保首节塔架段顶面水平度控制在5mm以内。拍照详细记录其测量点位的角度方向和水平度数据。

对基础顶面凹槽进行灌浆处理，灌浆采用“自重法”工艺。即利用灌浆料流动性好的特点，在灌浆范围内自由流动，满足灌浆要求的方法。前需对其内外距离底部100mm高度范围内以及底部进行不少于两次喷水，保持湿润状态。

根据灌浆料厂家技术文件要求，按照重量将灌浆料和水加入到搅拌桶内，用电动搅拌器进行充分搅拌，不少于10min，且禁止搅拌过程中加入水。将搅拌均匀的灌浆料从记录好的最高点处倒入，时刻注意导流。浆液应从一侧灌入，直至浆液从另一侧溢出为止，不得从相对两侧同时灌浆。搅拌完一桶后立即开始下一桶灌浆料的搅拌，按此过程循环（中间不得间断），直至灌浆料从最低点溢出、灌浆槽完全灌满，结束灌浆。

待灌浆作业完成后将首段塔筒吊至基础上空一定距离（约30cm）后，找准位置缓慢下降，就位。应尽可能缩短灌浆时间；然后清理灌浆面并收光，在喷洒养护剂或覆盖塑料薄膜后，即开始灌浆料的养护工作。若温度已进入冬期施工阶段

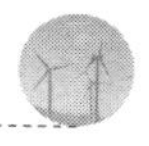

（室外日平均气温连续 5 日稳定低于 5℃），则在灌浆完毕后需使用伴热带等对灌浆料进行加温养护。每个机位的灌浆料养护至少 7d，每天进行拍照记录。

在灌浆作业时，需特别注意以下几点：

①灌浆料应随拌随用，连续浇筑，不得间断。

②灌浆料施工时，应保证灌浆料朝一个方向流动，以排出空气并保持流动动能。浇筑点可以沿着塔架外侧缓慢移动，移动速度应与灌浆面在塔架内侧移动的速度相同。

③灌浆前，应在塔架下方沿径向安置临时模板，以防止灌浆向两个方向流动。使用临时模板时，应将控制新灌浆和已浇筑灌浆之间的接缝，确保其垂直。在所有灌浆施工马上完毕时，必须小心拆除临时模板，完成灌浆浇筑。

④不要改变灌浆的方向，也不要从不同位置同时进行灌浆。灌浆时应始终保持足够的压力，确保连续灌浆，保持灌浆料流动。直至灌浆料水平面与外侧混凝土面齐平。

⑤在进行灌浆施工作业时，应留置 4 组、每组 3 块灌浆料试块进行同条件养护。试块尺寸 40mm×40mm×160mm，建议使用钢模具。若温度已进入冬期施工阶段（室外日平均气温连续 5 日稳定低于 5℃），则也需对试块进行加温养护。试块的制作需拍照记录。

首段混塔吊装完成后及时完成首段塔筒与基础均压环的接地安装，安装前接地埋件需进行打磨处理，涂抹导电膏，安装完成后对接地螺丝进行防腐处理并画好防松线。

首节塔架段吊装完成后，将吊具旋转吊点从塔架段顶面预埋套筒中取出，吊具拆掉。把定位销安装固定到塔架顶面预埋的直螺纹套筒中。将塔架外部楼梯和平台先使用辅吊在地面组装完毕后，再整体吊装至混塔门洞处，通过焊接与基础上表面预埋铁板连接固定。

2）风电机组混凝塔架门、电气柜安装：

塔筒门通过螺栓与塔架门洞预埋套筒连接固定。塔架门安装时要特别注意门框与筒壁之间的缝隙需用发泡胶进行填补密封，完成后用壁纸刀将塔架门内外溢出的发泡胶切除干净。再用防水密封胶沿门框将塔架门内外侧进行密封。

3）施工平台安装：

混凝土塔架吊装用施工平台均由厂家设计并配套供应，且均为收缩平台，可适用于不同直径塔筒的施工需要。施工平台到场时为配件，组装完毕后应检查其焊接部位的焊缝质量、螺栓紧固情况等，保证链接部位满足设计要求，保证施工安全进行。

根据塔筒尺寸提前调整好施工平台伸缩的长度，通过吊车将施工平台及其连接件吊起，注意提升时必须使用同等长度的吊带，保证施工平台水平吊起。吊起时，拆除活动部件，向内收缩外伸的主梁，确保提升过程中施工平台与塔筒不发生碰撞。每次提升平台和安装后必须检查连接塔筒的螺栓是否有破损，若有请及时更换螺栓，同时保证施工伸缩平台安装完毕后与连接点保持垂直状态，严禁斜拉或其中某个外挂点不受力的现象。

4）中间段混塔吊装：

待底部灌浆料强度达到厂家技术要求后方可进行上部塔筒的吊装施工，建议施工人员不少于 4 人。施工前采用工具清理第二段顶面，保证顶面无浮渣、浮土等垃圾检查所有弧形螺栓孔、预埋套筒孔洞的螺纹是否完好，是否有混凝土残留。对于残留的混凝土需用丝锥进行清理。

第二节塔架段起吊同时，对调平后的第一节塔架顶面进行洁净，除去油污等杂质；涂胶前塔架顶面不得有明水，如有明水、冰雪等，先用抹布除去明水，然后自然风干 10~20min 再涂胶，确保达到最佳的粘结性。

人工放置扫平仪，并测量出顶面调平埋件及限位埋件板的顶面平整度，并计算出差值；根据所测得的数据，在测点中，相对最高点位置放置 2mm 厚调平垫片，其余各点均需按照差值采用调平垫片与该位置垫平，但垫片厚度最大不超过 5mm。

通过调研，现阶段横缝的连接主要采用两种形式，第一种是坐浆料，第二种是树脂胶。两种形式施工基本相似，除拌制方式及铺浆不一样外其他施工顺序均一致，树脂胶拌制及铺浆与竖缝时一致，只是为了满足树脂胶工作时间的要求，结合塔筒直径条件，需要配备多人同时进行树脂胶的涂抹，并且垫片上不涂抹树脂胶。

环氧树脂胶搅拌按照上面叙述步骤进行，对环氧胶粘剂按 A：B=3：1（质量比）进行配制，将小桶 B 组分倒入大桶 A 组分中，在约 400r/min 状态下搅拌 2~4min，直到颜色均匀为止，搅拌过程中尽量避免引入空气。桶底及筒壁未搅匀的胶不可用于施工。一旦环氧胶粘剂正确搅拌后，立即用泥铲将环氧胶粘剂较为均匀地置于塔架顶面。对塔架顶面的胶进行刮胶和整平。要求整平后的胶中间厚两侧低。严禁环氧胶粘剂涂抹中间低、两侧高，影响防水性能。特别注意胶的厚度要大于垫片高度 1mm 以上。

完成上述步骤后，用泥铲在环氧胶粘剂上刮出内弧面倒角，要求角度控制在 30°以内。完成上述步骤后，将第二节塔架段落下，利用定位销稳定其与首节塔架段的相对位置，进行拼装，特别要注意塔架爬梯和门洞位置，要保证其上下准确对

位，如图 5－33 所示。

图 5－33　定位销对位施工图

落环以后，环氧树脂胶应在全断面沿内、外表面水平环缝均匀挤出，挤出胶的流挂宽度≥10mm。然后对整个水平缝进行勾缝，保证水平缝胶粘剂填充饱满、平整，严禁胶粘剂外凸混凝土表面的情况发生，以免损伤钢绞线 PE 护套。

塔架段完全落位后，安装定位销；利用激光扫平仪测试第二节塔架顶面水平度，测量选择定位销附近位置；详细记录其测量点位的角度方向和水平度数据。水平度的测量需要每环落位后都进行一次。

整个塔架段吊装过程和步骤同第二节一样，重复第二节吊装过程即可。其中，钢平台应先使用辅吊在地面组装完毕后，在塔架段吊装前整体吊装至混凝土塔架段内部，通过螺栓与塔架段预埋平台支撑连接固定，最后随塔架段一起吊装。

①坐浆料的拌制根据所用坐浆料重量，按照厂家所要求的配合比，进行拌制，搅拌完成后，将坐浆料倒入与卷扬机相连的料斗内，并提升至塔筒顶面。将搅拌机内剩余坐浆料制作成试块，试块尺寸 40mm×40mm×160mm，建议使用钢模具。坐浆料提升至顶面时，需及时进行铺浆工作，一人操控操作平台上的卷扬机，一人扶料斗随着卷扬机沿塔筒圆周方向的转动进行铺浆，一人跟随料斗将已铺设的坐浆料进行摊铺、整理，防止坐浆料沿塔筒壁流落至地面，造成浪费且调平垫片顶部不应有坐浆料。坐浆料摊平后应为中间高、两侧低的状态，保证坐浆时不形成气泡。

②坐浆：启动吊车将本段吊至已吊装完成的混塔正上方，并根据塔筒拼缝位置、限位销轴位置或者弧形梁埋件位置确定本段塔筒门洞方向；确定好方向后缓缓落下本段塔筒，距离定位销轴顶部约 10cm 悬停，两个人分别位于定位销轴处并开始对照限位埋件孔，另两人辅助转动塔筒，保证限位销轴均能放入本段限位孔内且

不受损伤；之后缓慢落下本段塔筒进行坐浆，坐浆时坐浆料应从水平缝均匀挤出，视为以充满整个水平缝。

③安装接地线：将接地埋件表面进行打磨处理；接地线两端涂抹导电膏；采用电动扳手将接地线两端分别用螺栓固定到接地埋件上；固定完成后表面喷涂罗巴鲁冷镀锌气雾剂；在螺母处用记号笔画上防松线。

④勾缝处理：用抹灰刀将多余的坐浆料进行铲除，勾缝应按压紧凑密实，外部勾缝可将抹灰刀与加长杆固定，从顶部将外侧多余坐浆料铲除。

⑤提升内操作平台：启动吊车缓缓落下大钩，将钢丝绳分别带用弓形卸扣与平台吊点相连接；拆除内操作平台与塔筒连接处的耳板，然后人员处于内操作平台上，并将穿戴的安全衣双钩挂至安全挂点上面，高空人员最少配置两个对讲机；安全挂点与防坠绳在混塔起升前安装完成；操控主吊缓缓提升内操作平台，提升至相应位置时停止吊车操作，并人工将操作平台的六个耳板分别与塔筒预埋件采用高强度螺栓固定。随后拆除内操作平台吊点处的钢丝绳。

5）转换段吊装：

钢混转换段吊装前，需对其顶面钢垫板上面的杂物进行清理，确保其上面没有任何杂物。清理完成后，需对钢垫板上破坏的防腐层进行修复和补充。吊装前需对钢绞线预埋管进行检查，重点检查其内部是否有混凝土堵塞的情况。对于存在堵塞的，应将其清理干净。

钢混转换段吊装应使用专用吊索具，主要是使用侧拉万向吊环，确保在吊装过程中受力合理均匀。钢混转换段的吊装、环氧树脂胶涂抹、调平工艺和前面塔架段相同，在此需要注意的是转换段的水平度也需调整到 2mm 以内，用以保证上部钢过渡段、钢塔的水平度。对于不满足的点位利用调平垫片进行调整。这样做是为了保证钢混转换段的钢垫板的水平度，进而保证钢过渡段法兰的水平，从而进一步保证钢塔各法兰吊装完成后的水平。

该段吊装时需留置树脂胶或坐浆料同条件养护试块两组（每组 3 块），用于测试树脂胶或坐浆料抗压强度。所有环段的吊装期间，水平度都需要测量并拍照记录。

6）测量垂直度：

在塔架的吊装过程中，除了控制各个塔架段的顶面水平度外，还需重点控制塔架的垂直度。依据《风电机组混凝土-钢混合塔筒施工规范》NB/T 10908—2021 安装质量标准和检验方法要求，全塔中心线垂偏差为 $H/1200$。但由于规范近年未更新，已不适合现如今 100m 高度以上混凝土塔架要求，本书要求塔架中心线垂直度

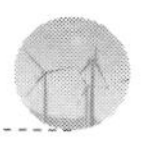

偏差不大于 $H/2000$（H 为塔架高度，单位是毫米）与 50mm 两个数值之间的小值。测量频率按照厂家技术文件及施工图纸的要求，每吊装高度超过 15m 测量一次。如果顶面中心偏差超过 $H/2000$，在下一段吊装时，在不超出错台允许的范围内进行调整，并对这一段进行垂直度测量，如果中心偏差恢复到 $H/2000$ 以内，则以此段为基准继续每 15m 一测，如果中心偏差仍超过 $H/2000$，则在下一段吊装完毕后继续进行垂直度测量，直到中心偏差恢复到 $H/2000$ 以内为止。混凝土塔筒全部吊装完成后，需要整体测量一次垂直度，顶面中心允许偏差为 $H/12000$（验收指标）。

测量工具使用激光垂直仪，具体操作方式如下：

①首先利用基础顶面任意两条相交的直径找到基础中心。

②利用垂线法将其向上引到防护平台，并在防护平台上做好标记。

③将激光垂准仪架好，打开上下激光束；通过调节旋钮使上、下激光束聚焦；特别要求向下的激光束对准防护平台上的中心点。

④在需要测量垂直度的塔架段上任意选择两个直径交叉找到该塔架段的中心；用两根棉线代替直径，交叉点就是该塔架段的中心。将带刻度的透明测量板中心对准塔架段中心，调节激光垂准仪向上的激光束，使其聚焦到最小，并打到测量板上；测量板的中心和激光束的间距即为该高度时塔架的中心垂直度。

⑤所有环段的垂直度测量都需拍照记录。

塔架段中心线垂直度偏差的调整需要靠调平垫片进行调整。想要使塔架段中心向测量板上的激光点靠近，需要在中心线一侧放置调平垫片，调平垫片的放置高度应通过计算得到，调整完成后，详细记录放置垫片的位置、厚度等相关数据。

⑥塔架垂直度超出设计要求值时，须对其进行调整，使其恢复到设计要求范围内。

⑦塔架段中心线垂直度偏差的调整需要靠调平垫片进行调整；想要使塔架段中心向测量板上的激光点靠近，需要在中心线一侧放置调平垫片；调平垫片的放置高度应按照下列公式进行近似计算：（塔架段中心线与激光点间距－允许最大偏差）/该节塔架段高度＝调平垫片高度/该节塔架段直径

例：如图 5－34 所示，中心线垂直度偏差 11.62mm，假设此时塔架高度为 20m，塔架段直径为 10m，此时允许塔架中心线垂直度最大偏差为：$H/2000=20000/2000=10$mm，与 50mm 两个数值间取小值应该是 10mm。根据公式近似计算：$(11.62-10)/2500=X/10000$，计算出 $X=6.48$mm，即要想把该节塔架段中心线调整到偏差 10mm 范围内，在塔架段低处应至少应放垫片 6.48mm，图 5－34 中右下角位置应放置垫片 6.48mm。

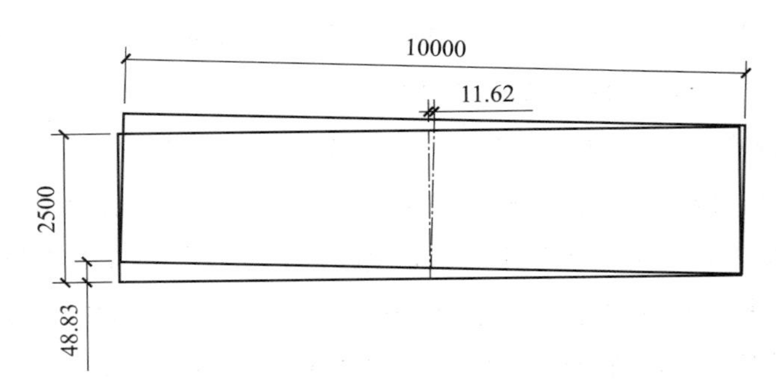

图 5-34 混凝土塔架中心线调整示意图（mm）

⑧调整完成后，详细记录放置垫片的位置、厚度等相关数据。

⑨在垂直度调整时，须利用 2~3 环进行调整完成，严禁利用 1 环调整完成。

7）钢过渡段及转换平台的安装：

①混凝土塔架段吊装完成进行钢过渡段吊装，钢过渡段在安装前用密封胶枪在钢混转换段顶部钢垫板内、外圈各连续设置一圈密封胶，在预埋孔之间打“8”字形密封胶。并在转换段顶面钢垫板上的两个带螺纹孔洞内拧上定位销；该处使用的定位销比塔架段定位销尺寸小，安装时候应该注意。此时施工人员位于施工平台上，施工平台利用转换段吊装时的万向吊环和施工平台上自带的美式吊钩连接，固定施工平台。

②钢过渡段的吊装应采用专用吊索具，在吊装前应对其下法兰进行清理，不得有任何杂物。钢过渡段吊装吊点数量根据厂家技术要求及施工图纸要求确定，要做到全部采用，吊绳方向与水平面夹角不小于 60°，吊耳通过螺栓与过渡段法兰连接。起吊前应按照技术文件及施工图纸对钢过渡段外观及尺寸进行检查，满足要求后方可吊装施工。钢过渡段起吊、移动、就位应缓慢，防止磕碰，如图 5-35 所示。

（a）

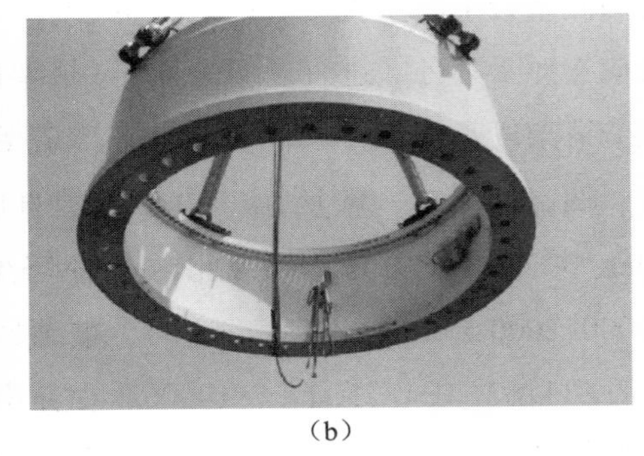

（b）

图 5-35 钢过渡段吊装示意图

（a）检查清理；（b）起吊

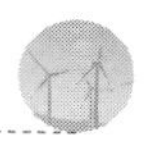

8）钢过渡段吊装前应对吊装完成的混凝土塔架顶面进行水平度测量。按照技术要求在转换段顶法兰面均布 8 点进行水平度检测，要求顶面水平度≤1.5mm，并检查定位销是否牢固安装。

9）钢过渡段吊装完成在转换段平台吊装前，应先把施工平台从塔架内吊出；转换段平台应在地面先拼装完成后整体吊装到钢混转换段顶面进行安装；转换段平台的安装使用长双头螺杆进行安装，一头旋拧到钢混转换段顶面钢垫板上带丝牙的孔洞中，另外一头通过螺母固定在平台面板上；平台安装时要注意位置方向，注意和钢过渡段下部接地柱的位置关系。

10）内附件安装前应对预埋件位置、尺寸、型号进行检查，满足设计要求即可，应去除附件毛刺、飞边、割焊渣等。电缆夹、升降机等支架应安装牢固，配对良好，紧密贴合，不允许出现翘边、松动、错边等现象。爬梯安装应确保爬梯平直度，安装完成后应与图纸进行核对检查，避免出现角度不对及错位的现象。照明电气布线应顺直美观。操作平台支腿与预埋件连接牢固，平台平整无空隙。内附件安装时螺栓链接的紧固力矩满足技术文件要求。

①第 1 段混凝土塔架内附件安装：

风机基础顶板开孔应保证与塔筒底部电气设备、内附件布置相匹配。逐个将变流器、控制柜、变压器、水泵、升降机护栏等按图纸要求安装在既定位置，电气柜的安装可配合地锚螺栓安装工具。对电器设备做相应的防护后，在机位点旁边组装第 1 段混凝土塔架，在组装桥架上的电缆夹块时需注意电缆夹的安装方向。

②中间段混凝土塔筒内附件安装：

混凝土塔架拼装完成后，进行内部爬梯、爬梯导轨、电缆桥架组件安装，安装完成并检查合格后进行整体吊装，重点注意保证爬梯及防坠导轨连接的顺畅。根据厂家技术文件及混凝土塔架施工图纸，在中部相应位置安装有休息平台及钢绞线转向平台。

③顶段混凝土塔架内附件安装：

混凝土塔架在机位点附近预装完爬梯附件及平台的支座，同时提前组装好混段顶平台，包括平台上的爬梯盖板，桥架盖板及护栏等。在顶段混凝土塔架吊装完成后，将内部的施工平台固定连接件拆除并吊出后，再整体吊装混塔段顶平台。

混塔段顶平台、转向平台和休息平台吊装需使用 4 个吊装工装起吊安装，涉水机位的底部设备平台需使用 8 个吊装工装起吊安装。

起吊时要保证所有吊装工装的螺栓连接紧固，吊具完好，需注意的是吊带不能与平台其他内附件相互干涉。完成吊装后拆卸吊装工装并及时安装 M16 螺栓，防止杂物进入安装孔。

④主电缆提升及安装：

风机主机吊装完成后，将主电缆逐根从塔筒底部提升至混塔段顶平台，每一根主电缆都需将其临时固定在混段顶平台电缆工装处。待所有主电缆都提升完后将主电缆分组，铺设在电缆桥架上，并固定牢固，施工时应注意控制主电缆夹上的螺栓预紧力大小。

⑤注意事项：

内附件安装时，重点检查混塔内临时平台、永久平台固定部位预埋件，需要进行逐个检查，确保其安装后的稳固性和安全性。

11）混凝土塔架施工完毕，钢塔筒安装前，应由建设单位监理单位、混凝土塔筒施工单位、钢塔筒安装单位共同对混凝土塔筒、内附件、电气柜及接地等安装质量进行交接验收，混凝土塔架竖缝、横缝中树脂胶要求饱满、无通缝，确保不被雨水渗入，验收合格后方可进行钢塔筒安装。

5.5 预应力工程质量控制点

现阶段混凝土塔架预应力工程常采用体外索（预应力筋）形式，体内索形式只在混塔技术初期偶尔有应用，体内索对混凝土塔架加工精度要求高，并且施工难度大，质量不容易控制，考虑风电混塔项目施工环境也比较复杂，所以现在风电混塔项目施工均采用体外索的方式。通过在建混塔项目调研，如表 5－16 所示。

预应力筋参数表 **表 5－16**

序号	使用项目	预应力束	现场张拉力	根据规范计算单根预应力筋张拉力值	预应力筋尺寸
1	项目 1	共 16 束，19 根/束	整束：3364.3kN 单根：177.1kN	公称截面积：140mm^2； 单根钢绞线最大力：260kN； 75%：195kN；70%：182kN； 65%：169kN	预应力钢绞线 1×7－ϕ15.2－1860MPa
2	项目 2	共 36 束，10 根/束	整束：1792kN 单根：179.2kN	公称截面积：140mm^2； 单根钢绞线最大力：260kN； 75%：195kN；70%：182kN； 65%：169kN	预应力钢绞线 1×7－ϕ15.2－1860MPa
3	项目 3	共 30 束，10 根/束	整束：1792kN 单根：179.2kN	公称截面积：140mm^2； 单根钢绞线最大力：260kN； 75%：195kN；70%：182kN； 65%：169kN	预应力钢绞线 1×7－ϕ15.2－1860MPa
4	项目 4	共 16 束，17 根/束	整束：3320.1kN 单根：195.3kN	公称截面积：150mm^2； 单根钢绞线最大力：279kN； 75%：209kN；70%：195.3kN； 65%：181.35kN	预应力钢绞线 1×7－ϕ15.7－1860－Ⅱ

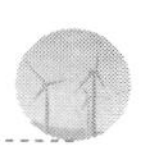

续表

序号	使用项目	预应力束	现场张拉力	根据规范计算单根预应力筋张拉力值	预应力筋尺寸
5	项目 5	共 36 束，11 根/束	整束：约 1908kN 单根：173. 5kN	公称截面积：140mm^2； 单根钢绞线最大力：260kN； 75%：195kN；70%：182kN； 65%：169kN	无粘结预应力钢绞线 左捻 1×7 − ϕ15. 22. 5PE

由表 5 − 16 可知，常用预应力钢绞线多采用 1×7 − ϕ15. 2 − 1860MPa，外包黑色 PE 的低松弛钢绞线。现场张拉力在 65% ~ 70% 之间。而根据国内外的规范，体外预应力钢绞线的张拉力不大于标准值的 60%，考虑摩擦等损失后张拉力不大于标准值的 65%。

根据国内、外相关国标、行标的规定，但各规范的适用范围不同所以其规定略有区别，具体内容如下：

（1）根据《混凝土结构设计标准》GB/T 50010—2010（2024 年版）：

本规范适用于房屋和一般建构筑物的钢筋混凝土、预应力混凝土以及素混凝土结构的设计。本规范不适用于轻骨料混凝土及特种混凝土结构的设计。根据其规定，钢绞线张拉控制力≤0. 75 预应力极限强度标准值。

（2）根据《体外预应力索技术条件》GB/T 30827—2014：

本标准适用于新建预应力混凝土梁式桥结构，已建桥梁结构维修和加固及其他结构用体外索可参考本标准执行。根据第 9. 2. 2 条规定，张拉控制力矩不宜超过 70% 预应力极限强度标准值。

（3）根据《建筑结构体外预应力加固技术规程》T/CECS 1111—2022：

本规程适用于房屋建筑和一般构筑物的钢筋混凝土结构、钢结构、砌体结构采用体外预应力进行加固的设计、施工及验收。根据第 5. 1. 4 条规定，张拉控制力在 0. 4 ~ 0. 6 倍的抗拉强度标准值，考虑损失时增加 0. 05 倍。

（4）根据《无粘结预应力混凝土结构技术规程》JGJ 92—2016：

本规程适用于建筑工程中采用的无粘结预应力混凝土结构的设计、施工及验收。根据第 5. 4. 3 条规定张拉控制力在 0. 4 ~ 0. 6 倍的抗拉强度标准值，考虑损失时增加 0. 05 倍。

（5）根据《欧洲技术认证指南–预应力结构所用的预应力装备（通常称为预应力系统）》ETAG013，规定最大荷载为张元件特征强度的 65%。

（6）根据《预应力混凝土用钢绞线》GB/T 5224—2023：

本标准适用于由冷拉光圆钢丝、刻痕钢丝及螺旋肋钢丝捻制的用于预应力混凝土结构的钢绞线（以下简称“钢绞线”）。根据规定，ϕ15.2 直径的整根钢绞线最大力 260kN，ϕ15.7 直径的整根钢绞线最大力 279kN。

针对预应力张拉相关规范的不统一，以及现场实际张拉系数的多样性，与国内主要预应力筋生产厂家、主流风电机组厂家，以及施工单位及行业内的专家进行研讨，一致建议现场体外预应力钢绞线的张拉力不大于标准值的 70%，松动后不小于标准值的 60% 为最优状态。

现阶段针对风电混塔用预应力工程无专业规范，该部分内容在行业内还处于空白。但在风电混塔施工中，预应力工程处于非常重要的一个环节，预应力工程施工质量好坏直接影响到项目的安全性，一旦发生事故，结果将非常严重。所以结合预应力工程的工作经验，要求预应力工程在施工前必须制定专项施工该方案，经过总监理工程师审查后方可进行施工，必要时施工单位可根据施工图纸进行深化设计。

为保证预应力施工的正常、有序和安全地进行，施工过程要求监理、施工单位安全管理人员全程旁站监督，存在安全隐患及时停工排查。要求当温度低于-15℃时，应停止进行预应力张拉施工。当风机基础及混凝土塔架混凝土强度达到100%，环缝及竖缝胶结材料强度达到混凝土塔架强度设计值的 100% 时方可进行预应力工程的施工。

（1）材料及锚具（图 5-36）。

图 5-36　锚具

1）锚具到场后不得直接堆放在地面上，应垫枕木并用防雨布遮盖，长期存放应置于库房内，库房应干燥、防潮、通风良好、无腐蚀性气体和介质。

2）预应力筋到场后，须根据进场批次，在经监理见证下进行取样，送第三方试验室进行检测，主要检测项目为抗拉强度、伸长率检验，合格后方可使用。检验批次为同一型号、同一规格、同一生产工艺制造的钢绞线，每批次不超过 6t。

3）预应力钢绞线进场时，由于保管不力有可能出现锈蚀、污染等，使用前应

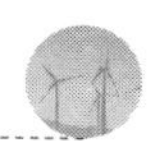

注意检查外观质量，无粘结预应力钢绞线护套应光滑、无裂缝、无明显褶皱，有损伤的严禁使用。

4）预应力筋露天堆放时，需覆盖雨布，下面应加设垫木，防止钢绞线锈蚀。严禁碰撞踩压堆放的成品，避免损坏预应力筋塑料套管。

5）锚具、夹具、连接器等进场时应按照现行行业标准《预应力筋用锚具、夹具和连接器应用技术规程》JGJ 85 的相关规定进行检验，不合格的严禁使用。

6）预应力筋、锚具、夹具等材料进场使用前应进行外观检查，其表面不得有锈蚀、污染、机械损伤和裂纹。

7）锚具、夹具设置专人保管，根据用量领取。在搬运过程中，不得随意抛摔或地面拖拉，应避免机械损伤和有害的锈蚀以及油污和化学品污染。

8）组织组织预应力分项施工人员熟悉图纸，熟悉现场情况，向作业人员进行技术和安全交底。

9）根据工程进度合理安排机械设备的使用并做好设备的维护和维修。减少设备积压，确保施工作业使用的设备数量充足，运行稳定。

（2）预应力钢绞线下料，如图 5－37 所示。

图 5－37　预应力钢绞线下料

1）预盈库里钢绞线检验合格后，按照施工图纸规定进行下料。

2）预应力钢绞线下料应用砂轮切割机切割，严禁使用电焊和气焊。

3）预应力钢绞线下料应在加工厂进行。

4）钢绞线及配件在吊装过程中尽量避免碰撞挤压，应轻装轻卸，严禁摔掷及锋利物品损坏无粘结筋表面及配件。

5）吊具采用吊装带，以避免装卸时破坏无粘结筋 PE 护套。

6）无粘结预应力钢绞线、锚具及配件运输到施工现场后，应按成盘、挂牌整齐堆放在干燥平整的地方。

7）锚夹具及配件应存放在室内干燥平整的地方，码放整齐，按规格分类，避免受潮和锈蚀。

8）预应力钢绞线露天堆放时，需覆盖雨布，下面应加设垫木，防止钢绞线锈蚀。

9）严禁碰撞踩压堆放的成品，避免损坏塑料套管及锚具。

（3）预应力钢绞线施工，如图5－38所示。

（a）

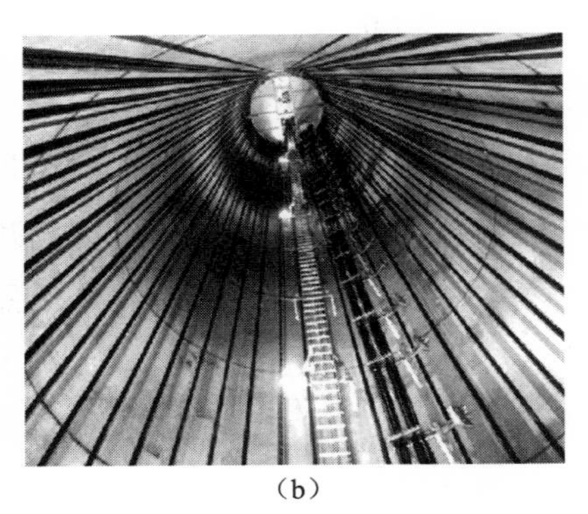
（b）

图5－38　预应力钢绞线施工

（a）钢绞线穿束；（b）塔架内部

1）预应力钢绞线穿束：预应力钢绞线的位置宜保持顺直，穿束时，如遇障碍，应进行调整后再穿。根据施工进度要求采用提升设备整体提升穿筋；穿钢绞线时由塔筒的下端，从门洞处引入集团束向混塔顶部转换段方向用提升设备整体提升穿入上部孔道。钢绞线穿入孔道后，临时固定成束钢绞线。安装上、下锚具，斜锚具的安装位置要正确，锚具上的标记点要放置在塔筒的直径上且朝向靠近圆心的方向。同时每个锚具孔道的位置必须和钢绞线编号匹配，不得错位穿筋安装锚具。

2）预应力钢绞线张拉作业条件：张拉设备已通过检验并有相应的标定证书；混凝土构件强度已经达到设计强度的100%，方可张拉，并有试验室出具的混凝土强度检测报告；张拉千斤顶及高压油泵检查油路是否畅通，电路是否安全；张拉电源通过接电箱连接工地现场二级配电箱；张拉前检查液压油箱，应保证液压油箱里的液压油处在正常状态；张拉前要检查混凝土质量，尤其重要的是端部混凝土，不得有孔洞等缺陷，如发现问题应及时通知混凝土施工单位采取补救措施；张拉时固定端锚具一定要派专门的人员看管，并配置对讲机与张拉操作人员保持沟通，防止固定端锚具钢绞线在张拉时由于夹片夹持不紧滑脱，发现滑脱立即通知张拉人员停止张拉，砸紧钢绞线周围的夹片后再次张拉。

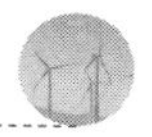

3）张拉前标定张拉机具：张拉先采用千斤顶进行预紧 10% σ，保证整体张拉时受力均匀，后采用千斤顶进行张拉，张拉前根据设计和预应力工艺要求的实际张拉力对张拉机具进行标定。标定书在张拉资料中给出，张拉前应申报提供张拉机具的标定证书。

4）预应力钢绞线张拉前准备：清理影响张拉的杂物。准备 380V、15～20A 电源箱数个。根据设计要求确定预应力钢绞线的控制张拉力值，计算出其理论伸长值，在实际张拉前报给总包方。张拉用千斤顶和油泵根据控制张拉力值由专业计量单位事先标定好，并附有张拉标定证书。张拉千斤顶与压力表配套标定、配套使用，有效期不超过 6 个月。当在使用过程中出现反常现象时或在千斤顶检修后，应重新标定。张拉设备标定时，千斤顶活塞的运行方向应与实际张拉工作状态一致；压力表的精度不应低于 1.5 级，标定张拉设备用的试验机或测力计精度不应低于±2%。

5）预应力钢绞线张拉流程，如图 5－39 所示。

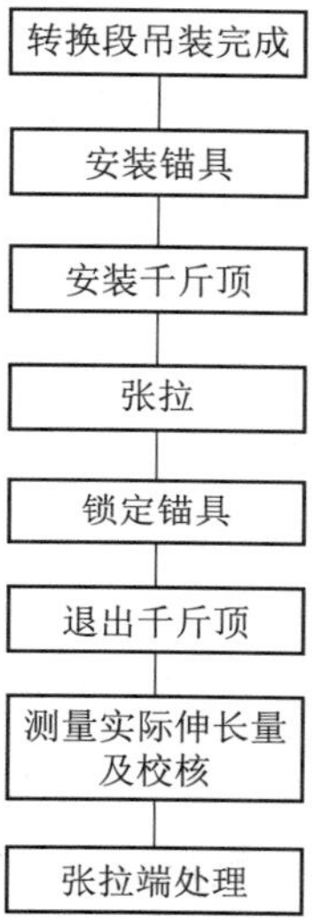

转换段吊装完成
安装锚具
安装千斤顶
张拉
锁定锚具
退出千斤顶
测量实际伸长量及校核
张拉端处理

图 5－39　预应力钢绞线张拉流程图

预应力施工按照工序先后顺序大致有下面几个工序：放置牵引设备（一般为卷扬机）、安放导向滑轮、安装临时平台、正式穿索、索体进入基础预埋孔、安装锚具和附件、钢绞线捋顺、钢绞线单根预紧张拉、整束张拉、减振器锁夹等附件安装、防腐、保护罩安装。

①机位现场施工准备：

施工准备主要包括放置牵引设备、安放导向滑轮、安放临时平台。

牵引设备是安装在基础底部或顶部的卷扬机，本书以基础底部放置卷扬机形式进行编写。钢绞线张拉现场需要用到两种方式，即单根预紧和整体张拉两种。根据钢绞线厂家到场的钢绞线形式不同，张拉方式也有所不同。本书以采用先将单根预紧后，再进行整束整体张拉的形式进行编写。在单根预紧和整束整体张拉期间都要用到千斤顶。

现场施工用电布置为在底部从发电机处接一个配电箱，用于接穿索卷扬机用，和底部张拉油泵用。在基础底部安装固定卷扬机，为牵引钢绞线提供动力，使钢绞线从塔架底部上升到塔架顶端；在钢过渡段上法兰放置一台穿索的简易导向滑轮，用于穿索的着力点，需要能承担拉力，且需稳定。

临时平台主要用于钢绞线进入钢混转换段预埋孔时候的校正和辅助，同时也作为安装减振器和锁夹的时候人员的一个施工平台。临时平台的固定主要依靠钢混转换段的吊装预埋件进行。临时平台也可以直接使用小型吊篮，供施工人员进行此处的工序作业。

②正式穿索：

正式穿索前，应对所有基础和钢混转换段的钢绞线预埋管进行编号，上、下编号要相互对应。根据设计的每束钢绞线的根数，将来料钢绞线在塔筒门外摆整齐。通过牵引头初步汇总到一起后，整体将这一束钢绞线提升到锚固端。钢绞线的制索也可以在出厂前根据项目实际情况完成，还可以在风场附近另外寻找合适场地进行。出厂前和另寻场地制索完成后，盘成盘放在转盘上，在机位上仅需要直接穿索就可以。这样做可以节省在机位的作业时间。

准备工作完成后开动卷扬机，向上提升整体索。在利用卷扬机牵引过程中，要在恰当位置增加使用滑轮等工具。一方面对钢绞线产生保护，防止对外层 PE 皮造成磨损；另外一方面滑轮还起到一定的导向作用。同时工人也需要配合卷扬机对钢绞线进行位置辅助定位。待前端卷扬机钢丝绳头将要到上部预埋管口约 50cm 处，卷扬机开始采用慢速点动的方式向上牵引，同时人工在索体周围辅助索体进入预埋管。

待索体进入上端预埋管内时，慢速牵引索体，直到索体拉出上部锚垫板 10~15cm，停止卷扬机牵引。钢绞线全部拉到顶段后，把钢绞线束用临时索夹夹住，防止钢绞线束下滑。拆掉吊装工具，根据钢绞线孔位布置，把上端的工作锚板安装到位，工作夹片打紧，并安装成蝶形弹簧和临时防松压板，卷扬机慢慢松绳子，使工作锚板压在锚垫板上，对好槽口，随后可以取掉临时索夹。

③塔下端拉索吊装转换：

上端锚具转换完成后，由于下端拉索还在索塔门口，应计算好钢绞线长度，将多余的钢绞线用切割机予以切除处理。然后对下部钢绞线进行切割剥皮后，将钢绞线穿入基础预埋管中。在钢绞线穿索过程中，应该将减振器、锁夹等附件初步安装到相应位置。钢绞线穿索完成后，要对每一束钢绞线的每一根进行捋顺梳理。防止钢绞线打结甚至在穿入锚具时候发生混乱错误。

④安装锚具及附件：

将塔底钢绞线按照顺序穿入底部预埋管内，并按钢绞线束顺序安装到相应的锚具孔内。通过预应力索厂家提供的特制工装，将钢绞线一根一根地按孔位顺序牵引到下端锚具中，安装锚具和夹片，打紧。完成一束钢绞线的安装后，按次顺序完成其余束索的安装。

特别注意的是钢绞线上下锚孔要一一对应，避免整体扭转打结，可以采用上下

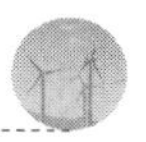

锚具孔位排布方向相同。同时要注意的是在索体上升阶段，开卷扬机人员和各相关人员要密切保持对讲机联系，如果有任何情况，立即停止卷扬机上升，比如钢绞线卡到塔架某个位置。整个索体上升过程中，严禁在索体下方站人，防止索体坠落伤人。

⑤张拉设备安装：

安装好锚具后，开始安装张拉设备，由于张拉设备位于塔架底部基础内，千斤顶等设备较重，锚点位置距离地面较高，没有合适的吊点和空间，因此需要简易液压提升车，实现快捷安装。

根据技术方案要求，先进行单根拉索预紧，再进行整束整体张拉。张拉前需对钢混转换段吊装时的环氧树脂胶试块和基础灌浆料试块强度进行检测，达到设计后方可进行张拉。

整体张拉前，首先要用小顶单根预紧钢绞线，确保每根钢绞线之间受力均匀。再进行整束张拉，整束张拉要多套设备同时进行，按塔架预应力锚索分布情况进行对称张拉。

整束张拉控制应力按设计要求，预应力筋采用超张拉方式，张拉程序应从预应力为零开始张拉至 1.03 倍预应力筋的张拉控制应力并锚固，预应力筋应分批、分阶段对称张拉，并应保证各阶段不出现对结构不友好的应力状态。

千斤顶在张拉作业前必须与油表配套校正，进场前准备先由有资质单位标定。张拉采用双控措施，预应力值以油表读数为主，伸长量校核，根据规范要求，实际伸长量与理论伸长量差值在±6%以内。预应力筋在张拉过程中应避免出现预应力筋滑脱或断丝，预应力钢绞线张拉完毕后应停 12h，以观察钢绞线有无滑丝现象，然后切除外露多余长度（外露长度≥500mm），上节点锚具外露的预应力筋不小于 30mm，张拉完成后对于多余的钢绞线应进行切割处理。

张拉过程中，夹片安装应均匀、对中、平齐；所有张拉千斤顶张拉前按规定进行标定，张拉机具由专人使用和维护，张拉机具长期不使用时，应在使用前全面校验。当千斤顶的使用超过规范规定的使用时间或张拉次数或使用期间出现异常情况，均需要进行一次校验，以确保测力的准确。张拉注意塔架的变化，不符合拉索施工安装所规定的允许偏差时，向监理工程师报告，并由设计、监理、施工三方共同确定调整方法，进行调整。

张拉完成后，应进行减振器、索夹和隔离减振套的安装。减振器主要布置在上下两端预埋管口位置，通过把高阻尼橡胶垫块放置到预埋管口位置，可以有效地减少拉索的振动和防止拉索摩擦到预埋管上。减振器安装完成后，应焊接防坠落挡板，防止在后续的运营中减振器掉落。上端靠近预埋管口位置的减振器、索夹按照可以在临时平台上进行。

⑥索体的最终组装和防护：

在全部索均已安装且调索张拉完成后，需要对索进行最后组装与防护。钢绞线材料采用带PE光面钢绞线，PE层与钢绞线间涂专用油脂，如果在下料、挂锁使用过程中发现PE有破损之处，立即用焊枪修补，谨防钢绞线锈蚀。锚头内钢绞线由于挂索、张拉需要，两端PE需剥除，剥除段钢绞线必须进行有效防护，张拉完成后根据各个钢绞线厂家的工艺不同，可以在预埋管内灌注热熔蜡或者注入发泡剂。

钢绞线张拉完成后，需要割除一定长度，并对裸露钢绞线、夹片、锚板等进行抹黄油防护后方可安装防护罩，防护罩内注满防腐油脂或采用其他可靠防腐措施。各种防腐措施施工完成后，应将上、下端保护罩安装完成。所有施工工序完成后，应将现场产生的废弃物料进行回收，垃圾进行清理。对所有工器具进行拆解，转场下一个施工机位。

预应力钢绞线张拉完成后，在转换段顶端法兰面至少均布8点进行水平度检测，要求转换段顶面水平度≤2mm。

6）张拉顺序：张拉顺序应按照技术文件的要求，采用两点对称进行张拉，基础内的预应力孔道的编号顺序应与顶面的预应力孔道顺序编号必须一致，且经核对无误。

7）张拉操作要点：

穿筋：将预应力钢绞线从千斤顶的前端穿入，直至千斤顶的顶压器顶住锚具为止。

张拉：预应力筋应先对单根钢绞线进行预紧，再对整束钢绞线分批、分阶段对称循环张拉，先批张拉的预应力筋应采用复拉的方法补足应力值，如图5－40所示。

$0 \to 0.10\sigma$（小顶预张拉，观察锚具、钢绞线在受力情况下的变化，有异常及时检查处理后采用大千斤顶张拉）$\to 0.30\sigma$（持荷2min）$\to 0.75\sigma$（持荷2min）$\to \sigma$（持荷2min）→锚固（张拉顺序按照事先确定的顺序进行、分四次进行张拉）。测量记录：张拉前逐根测量外露预应力钢绞线的长度，依次记录作为张拉前的原始长度。张拉后再次测量预应力钢绞线的外露长度，减去张拉前测量的长度，根据相应的公式计算实际伸长值，用以校核计算的理论伸长值。

预应力钢绞线张拉完毕后应停12h，以观察钢绞线有无滑丝现象。然后切除外

图5-40　预应力钢绞线张拉

露多余长度，并在锚具外面安装防护罩，防护罩应在钢过渡段上固定牢固，防护罩内注满防腐油脂或采用其他可靠防腐措施。

钢过渡段下法兰固定端和基础内张拉端多出来的钢绞线均应使用砂轮切断，不得使用电弧焊进行切割，切割后钢绞线的外露长度根据各个钢绞线厂家具体施工方案进行确定，按照厂家的图纸及方案执行，项目现场进行监督。

预应力在施工前应对进场的钢绞线、锚具、夹片按照相关规范做材料复检，复检频次和项目按照规范进行，复检合格后方可用于项目使用。锚具、夹片复检应与相应规格和强度等级的预应力筋组装成预应力筋-锚具组装件，进行静载锚固性能检验，具体随机抽取件数由第三方检测决定。检测方法及合格标准应符合现行行业标准《预应力筋用锚具、夹具和连接器应用技术规范》JGJ 85及现行国家标准《预应力筋用锚具、夹具和连接器》GB/T 14370要求。

预应力在施工前应对进场的张拉设备进行检查，重点检查其是否校准，是否在校准有效期内，一般情况下一个张拉设备（千斤顶）有一个配套压力表进行作业。型号、规格、第三方校验报告、有效期检查，标定间隔期不得超过6个月。

钢绞线在施工过程中，要充分考虑其是否会和塔架混凝土发生接触，产生摩擦；在施工前应进行理论计算，确定接触的塔架段节数和高度，采取相应防摩擦措施。可采取粘贴摩擦板的方式。在混凝土塔架段吊装时，同步粘贴摩擦板。

按进场批次抽样，每批产品重量不大于60t，当单批次进场重量不足60t时，按一个批量处理。

预应力钢绞线穿索前，应确认斜垫板是否去除、锚垫板周边混凝土密实度、预应力管道偏移情况进行检查并拍照记录。

8）张拉质量控制方法和要求：张拉时张拉力按标定的数值进行，并用伸长值进行校核，即张拉质量采用应力应变双控方法。根据有关规范张拉实际伸长值与理论伸长值的偏差在±6%以内。认真检查张拉端清理情况，不能夹带杂物张拉。锚具要检验合格，使用前逐个进行检查，严禁使用锈蚀锚具。张拉严格按照操作规程进行，控制给油速度，给油时间不应低于0.5min。群锚应与过渡性法兰盘保持垂直。张拉中钢绞线发生断裂，应报告工程师，由工程师视具体情况决定处理。实测伸长值与计算伸长值相差10%以上时，应停止张拉，报告工程师进行处理。小于10%时，可进行二次补拉。

9）张拉后预应力钢绞线张拉端处理及锚具保护：张拉完成经建设单位或监理验收合格后，应将下节点锚具外露的预应力钢绞线预留不少于650mm长度后，将多余部分用机械方法切断，再将张拉端清理干净。上节点锚具外露的预应力钢绞线预留不少于600mm长度后，将多余部分用机械方法切断，再将张拉端清理干净。用专用封端罩把上、下锚具及外露钢绞线罩住并安装密封垫圈，最后通过顶部锚具上的注浆孔注入预应力专用防腐油脂，将密封罩内部封堵密实，如图5－41所示。张拉完成验收合格后，用重力式注浆，注浆高度为500～1000mm。

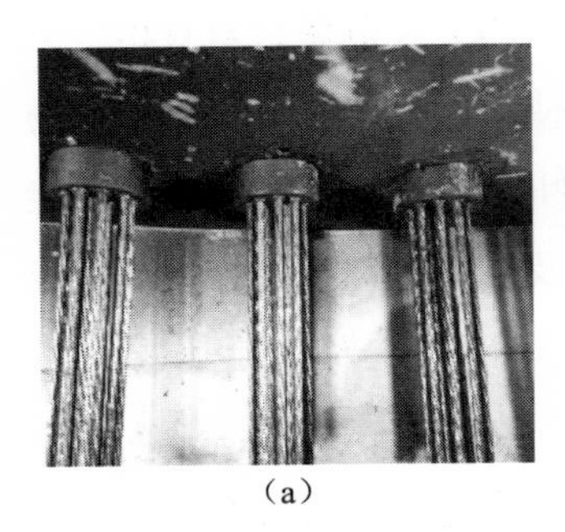
（a）

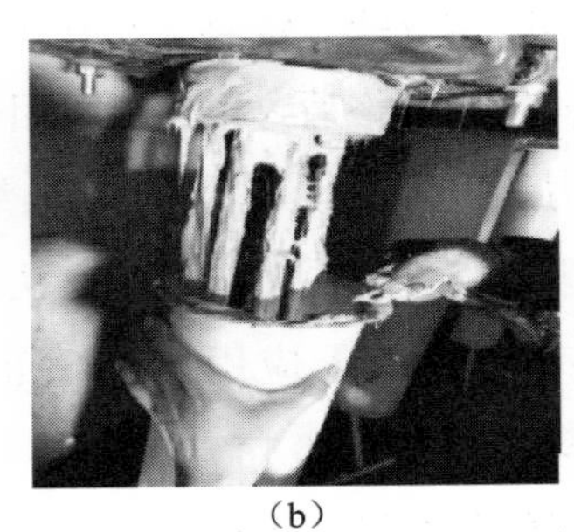
（b）

（c）

图5－41　预应力钢绞线防腐及封锚

（a）钢绞线截断；（b）钢绞线防腐；（c）封锚

（4）锚栓系统质量控制要点：

1）安装技术要点及说明：

①对锚垫板的外观、品种、级别、规格、数量和位置等进行检查；

②依据《风力发电机组预应力装配式混凝土塔筒技术规范》T/CEC 5008—2018，预埋件制作允许偏差如表5－17所示。

预埋件制作允许偏差　表 5－17

项次	检验项目	允许偏差（mm）	检验方法
1	预埋件锚板边长	−5～0	用钢尺量测
2	预埋件锚板平整度	1	用直尺和塞尺量测
3	预埋件（含锚筋）尺寸	−5～10	用钢尺量测
4	螺栓及螺纹长度	0～10	用钢尺量测
5	预埋管的椭圆度	不大于预埋管直径的 1%	用钢尺量测

③锚垫板安装确保放样位置准确，预埋固定可靠连接，锚下局部承压区确保混凝土浇筑密实，锚垫板孔道内不漏浆。

2）成品保护措施：

①锚垫板存放位置通风、干燥，表面有覆盖，防止污染和损伤；

②锚垫板安装吊装过程，确保吊点连接可靠，防止磕碰损伤。

3）施工安全控制要点：

①二次搬运及吊装过程，防范起重过程高空坠落，以及对人员机械伤害；

②施工张拉过程，避免人员在张拉机具正后方，采取划定警示区，设置安全防护区，防止周边无关人员进入施工区。

4）张拉时基础混凝土塌陷原因、分析：

①可能锚下局部承压区确保混凝土浇筑不密实，或混凝土施工质量导致强度不足；

②可能张拉力过大未按设计要求；

③可能锚垫板质量问题，锚垫板开裂导致局部承压承载力不足导致。

5）预埋件标准化要求：

①尺寸要求：预埋件应符合设计图纸要求，并保证尺寸精度。预埋件的间距、间隔应符合规范规定，保证其牢固度和可靠性。预埋件的长度应留有一定余量，以便在确认尺寸无误之后再进行裁剪。预埋件应符合设计图纸上所规定的几何形状。

②材料要求：预埋件应选择优质材料制作，材料的性能要符合相关国家标准。预埋件的材质应根据设计图纸要求，在相应的环境下具有耐腐蚀性、耐久性等性能。预埋件的材质也应符合相关卫生标准。

③表面处理要求：预埋件的表面应光洁平整，无明显气泡、砂眼、裂缝和其他表面缺陷。预埋件的金属表面处理，如镀锌、喷砂、电泳等，应符合相关标准规范，表面质量应达到要求。预埋件表面管理应符合国家环保政策，不得使用危险化学物品等有害物质。

④其他：预应力张拉完成后，应尽快封锚，防腐与封锚应满足设计要求。锚具处应安装封锚罩，封锚罩与结构主体连接可靠，并密封处理。有粘结预应力束张拉端锚具宜采用与结构同强度等级的细石混凝土或无收缩防水砂浆封闭保护。

6）锚索张拉力控制要点及说明：

①预应力张拉前，应计算所需张拉力、压力表读数及理论伸长值，明确张拉顺序和程序，并填写张拉申请单报批。

②预应力钢绞线张拉时，混凝土抗压强度应符合设计要求，设计无要求时应不低于混凝土设计强度值的75%。

③张拉时为保证塔筒均匀受力，应采用多点对称等荷张拉的方法。

④张拉时发现以下情况应停止张拉，且在查明原因后采取措施：

预应力钢绞线断丝、滑丝或锚具碎裂；混凝土出现裂缝或破碎，锚垫板陷入混凝土；孔道中有异常声响；达到所需张拉力后，伸长值明显不足；或张拉力不足，预应力钢绞线被拉动并继续伸长。

⑤预应力钢绞线张拉时，应按照实际情况填写张拉记录表。

7）预应力束质量控制要点：

单束预应力筋根数由塔筒结构设计确定布置的预应力大小，以及张拉控制应力，确定每束预应力筋根数。预应力束按多点对称布置原则，确保有效预应力满足结构设计要求。预应力束不同高度对应有效预应力大小，根据损失可计算得出。

8）锚索松动检测措施：

针对无粘结预应力体系的检测措施可通过索力测量，采用埋设传感器或振动频率法、千斤顶拉拔法等检测。埋设传感器法通过传感器力值变化反馈。振动频率法通过测量频率变化间接推定。千斤顶拉拔法直接张拉测量。

9）锚具标准化要点：

锚具宜采用夹片式锚具，其静载锚固性能、疲劳荷载性能、锚固区传力性能、锚板强度、内缩量、锚口摩阻损失及张拉锚固工艺等应满足现行国家标准《预应力筋用锚具、夹具和连接器》GB/T 14370的规定。

10）锚索施工主要设备及要求：

主要张拉设备采用OVM预应力张拉用千斤顶及油泵，施工前需进行标定，千斤顶的额定吨位不应小于最大张拉控制力的1.2倍（《公路桥梁预应力施工质量验收规范》CQJTG/T E03—2021）。

11）与锚索相关的其他质量控制要点：

①预应力钢绞线张拉质量验收应符合下列规定：

预应力钢绞线张拉锚固后，实际建立的预应力值与设计规定检验值的相对偏差不应超过±5%，张拉力、张拉顺序及张拉工艺应符合设计及施工方案的要求。

采用应力控制方法张拉时，控制张拉力下预应力钢绞线伸长实测值与计算值的相对偏差不应超过 6%。

②预应力孔道灌浆后，应对灌浆质量进行检查，孔道内浆体应饱满、密实。

③锚具的封闭保护措施应符合设计要求，当设计无要求时，外露锚具和预应力钢绞线的混凝土保护层厚度不应小于：一类环境时 20mm；二类、三类环境时 50mm。

5.6　钢塔架吊装

钢塔架安装前应按照塔筒技术文件先对其进行检查和清理。用拖把、抹布、丙酮清理钢塔架内外表面的灰尘油污，对于钢塔架内外有防腐破损处按照防腐要求补漆。同时检查钢塔架内附件的安装螺栓是否松动，有松动的应紧固。钢塔架内照明灯具、插座、分线盒、照明电缆绑扎固定等安装牢靠、电缆夹板安装螺栓、垫片和螺母是否安装齐全。

钢塔架吊装前，应对钢过渡段上口法兰的水平度进行测量，确保在整个塔架经钢绞线张拉完成后，顶端法兰水平度在允许范围内，一般要求水平度≤2mm。钢塔架吊装前，仍需对其垂直度进行复核测量，测量方法与混塔吊装时的测量方法与要求一致。水平度和垂直度的测量，需拍照记录。

混凝土塔架段组装完成并验收合格后方可进行钢塔筒、轮毂、机舱及叶片的吊装工作，吊装工艺流程如图 5－42 所示。在钢制塔筒及风电机组施工时需要采用专用吊装用具，如表 5－18 所示，均为主机厂家配套提供，正式施工前应由主机厂家编制施工手册，进行安全技术交底并现场指导施工。

钢制塔筒及风电机组施工专用吊装工具清单　　表 5－18

序号	名称	数量（根据工作面数量配置）	备注
1	塔筒专用吊具	1 套	吊装、卸货
2	机舱专用吊具	1 套	吊装、卸货
3	传动链专用吊具	1 套	吊装、卸货
4	轮毂专用吊具	1 套	吊装、卸货
5	叶片专用吊具	1 套	吊装、卸货

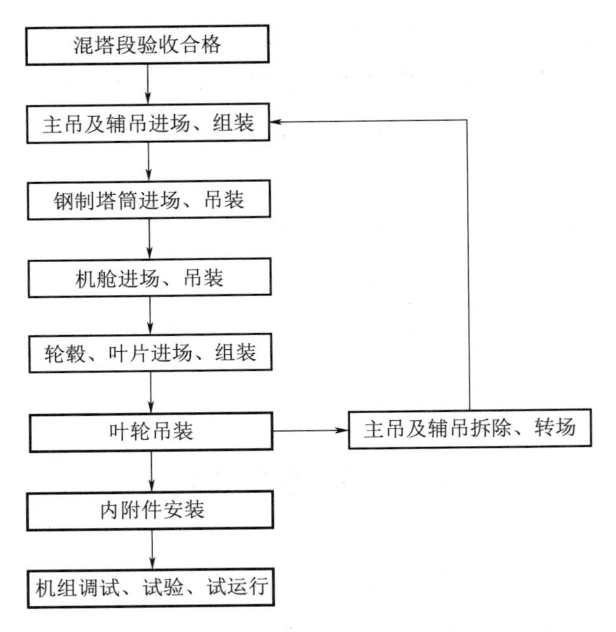

图 5-42　钢塔段吊装工艺流程

5.6.1　安装天气条件

（1）风机塔筒、机舱吊装时要求 10min 平均风速≤10m/s（轮毂高度），叶轮组对和叶轮吊装时要求 10min 平均风速≤8m/s（轮毂高度）。

（2）风速≥12m/s 时，禁止在叶轮内外作业（例如轮毂内变桨）。

（3）其他物质（标准件、随机件、机舱、发电机、轮毂）的卸货吊装条件为风速≤10m/s，无雨雪、雷电、大雾等情况，视野良好。

5.6.2　工具和吊车准备

（1）检查所有专有吊具、钢丝绳、卸扣、缆风绳等吊装用具，有裂纹、断丝断股等缺陷的立即更换。

（2）根据地基承载力准备相应的路基箱。

（3）塔筒吊装的主辅吊车就位。

（4）吊车组杆利用进出场道路（道路宽约 6m）。

（5）检查扭力扳手的完好情况和检验情况，不符合要求的，要更换。

5.6.3　钢制塔筒吊装

（1）去除塔架防雨包装。检查塔架法兰面平整度，如有凸起使用平锉或圆锉

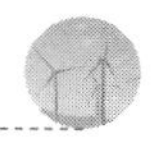

将法兰面锉平打磨面进行防腐处理。清除法兰面清洁度法兰面灰土和异物。检查法兰螺栓孔，螺栓孔应完好，无锈蚀、无杂物。检查塔筒内附件、电缆夹板，如有损坏或松脱，应及时修补，紧固。

（2）安装塔筒专用吊具，缆风绳。

在塔筒下法兰安装 2 个专用吊具、2 根吊带，上法兰安装 4 个专用吊具、2 根钢丝绳、2 个单轮滑车（注意：单轮滑车与上下 2 个吊具相连）、2 个卸扣、2 根吊带，如图 5－43 所示。

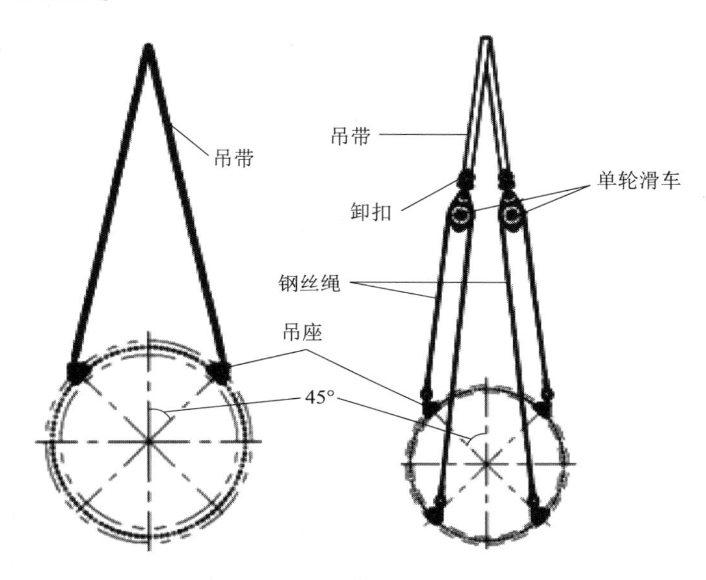

图 5－43　专用吊具及附件安装示意图

专用吊具安装的位置在塔筒法兰面与竖直线夹角 45°（各主机厂家专用吊具形式各异，施工时按照厂家技术文件要求施工），用合适规格的螺栓将吊座组件安装在塔筒法兰面上，根据具体的螺栓选择配套的螺套，并用液压扳手紧固。根据塔筒重量选择吊具的型号。

将 3 根 200m 长缆风绳系在顶段塔筒顶法兰附件的安全卡箍上，保证其连接可靠，且在密封平台位置可以方便地进行拆除，在吊装的整个过程必须保证缆风绳不缠绕、扭曲。拉紧三根缆风绳，使其中两根绳子垂直于风向，第三根缆风绳平行于风向，锚点距离塔筒底部的水平距离≥0.58 倍塔高，如图 5－44 所示。专业锚点工具安装到位，土层外露部分高度不能超过 200mm。需依据现场情况选择合适的锚固点，可选择现场的车辆、配重、吊车等有一定重量的锚栓点，锚固点要求至少承载 2t 的拉力。缆风绳需充分拉紧（2t 或 3t 捯链拉紧），拉直（目视无明显弯弧）。顶段塔筒缆风绳在机舱对接前再拆除。

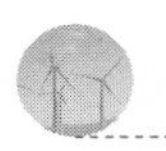

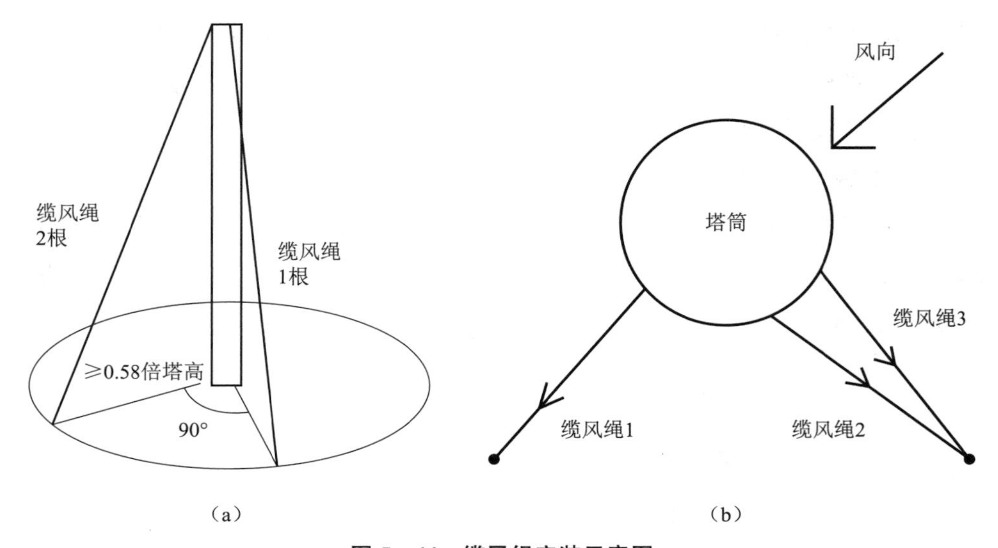

图 5-44　缆风绳安装示意图

（a）缆风绳布置侧视图；（b）缆风绳布置俯视图

（3）上法兰吊带由主吊来吊，下法兰吊带由辅吊来吊，上法兰的四组吊耳以及下法兰的两个吊耳，均关于通过吊钩且垂直地面的轴线对称布置，主吊辅吊同时将塔筒缓缓提升当吊起离地 1m 左右时清洗塔筒未清理部位，必要时需补漆，完成清理后主辅吊继续提升塔筒，直至塔筒最低处距离地面大于 1.5m。在地面放置呈正三角形分布的三块枕木用于放置塔筒。缓缓降低塔筒位置，稳固放置于三块枕木上。拆除下法兰上的吊具，将塔筒竖直提升，如图 5-45 所示。提升至指定高度后，缓缓降落塔筒，进行塔筒与过渡段对接。安装人员按照技术要求安装定位销并进行定位，迅速在每个定位销两侧带上螺母（须预先放置好）。带上大约 1/3 的螺母后，再次放低吊钩到两个法兰面完全接触，此时的吊车仍需保持一定的起重力，带完所有剩下的螺母（注：螺母有字的一面朝外，垫圈斜面面向螺栓头和螺母）；

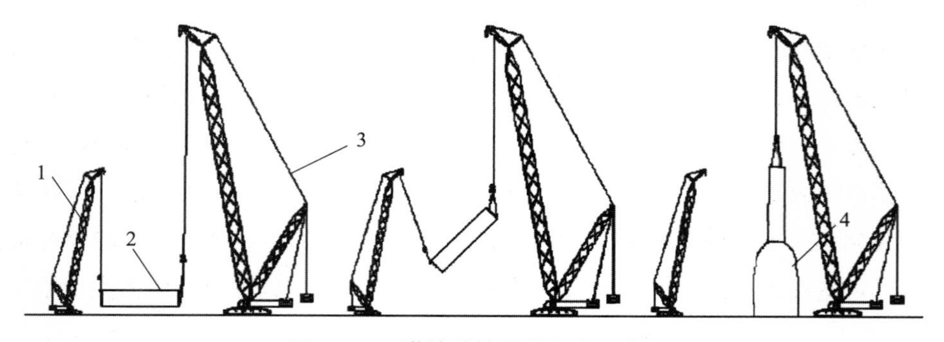

图 5-45　塔筒反转吊装顺序示意图

1—辅吊；2—塔筒；3—主吊；4—缆风绳

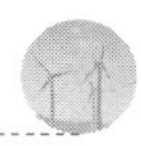

完成所有螺栓的最终紧固力矩，分三次拧紧后，卸下上法兰吊具。该过程中应注意以下三点：

1）起吊重物时下方禁止站人。

2）拆除吊具时，人员必须做好防坠落保护。

3）若不能确保当日压机舱，禁止吊装顶段钢制塔筒。若已经吊装完成顶段钢制塔筒，当日无法压机舱时，主吊不能摘钩，主吊承载一定力矩（根据计算确定），缆风绳必须拉紧。

5.6.4　螺栓紧固

采用经检验合格的电动（液压）扳手打紧所有连接螺栓（仅允许米字交叉对称逐级紧固），紧固螺栓后，塔筒之间的法兰间隙检查要求：正对螺栓孔用 0.3mm 塞规塞进法兰间隙的深度小于 20mm。备注：塔筒之间的法兰间隙检查要在 50% 力矩紧固前完成，如果 50% 力矩紧固螺栓后法兰间隙仍未达要求就需要采取措施，如图 5－46 所示。

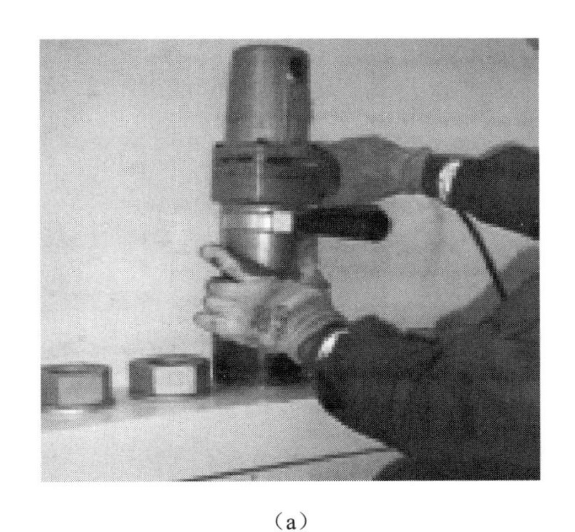

（a）

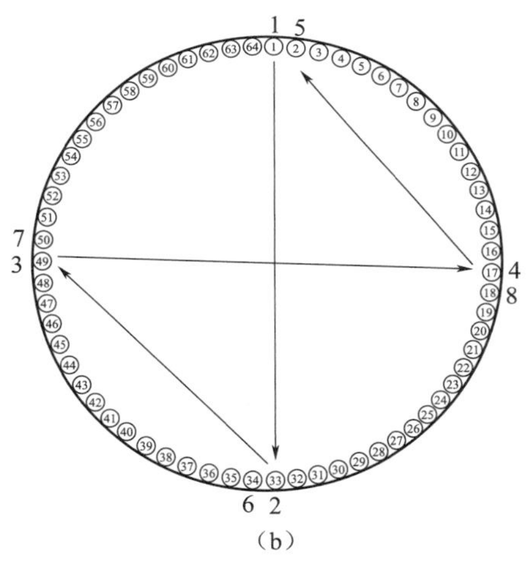

（b）

图 5－46　螺栓紧固操作示意图

（a）螺栓紧固；（b）施工顺序

液压扳手紧固螺栓（第一次）：用液压扳手以技术要求终紧力矩值的 50% 分别紧固所有螺栓（必须米字交叉对称逐级紧固），具体力矩值以风机厂家要求为准。

液压扳手紧固螺栓（第二次）：最终使用液压扳手以技术要求规定的终紧力矩值紧固所有高强度螺栓（必须米字交叉对称逐级紧固），具体力矩值以风机厂家要求为准。

每次螺栓紧固完成后应做防松标识，并在 24h 内对高强螺栓进行力矩复检及验收。

5.6.5 机舱吊装

（1）机舱吊具的安装

机舱吊具为主机厂家根据其风机的结构特点进行单独设计，设备就位后，施工单位人员应按照厂家技术资料进行清点，确认无误后在主机厂家技术人员指导下进行组装，经检查合格后方可投入使用。

（2）机舱吊装前准备

1）机舱在地面放置时，一人在天窗外协助机舱内人员安装气象架，并按指导手册及现场指导施工人员要求安装航标灯、风速仪、风向标，确保安装正确美观。注意测风支架的方向，不要与吊带的使用出现干涉，测风支架底座一圈需进行密封处理；拆下固定在机舱罩顶部气象架及气象架底座的螺栓，将气象架扳起并安装斜撑支架固定，拧紧所有螺栓并涂抹硅胶塑形。将航空灯处盖板的固定螺栓拆除，取下盖板并按图示位置涂抹硅胶，将航空灯电缆顺电缆孔穿入后安装固定航空灯，拧紧固定螺栓后涂抹硅胶塑形。在气象架上依次安装风速仪、风向标及超声波，拧紧固定螺栓后涂抹硅胶塑形。将通风罩处遮盖板移除并涂抹硅胶，涂抹完成后安装通风罩并拧紧固定螺栓，在螺栓接缝处涂抹硅胶并塑形。

所有螺栓的螺纹连接处涂抹螺纹紧固剂进行防松，力矩打完后要及时对受损部位进行涂漆防腐。

气象架组装完成后将机舱与轮毂连接的定位销盘车至机舱前法兰面最上方；移除天窗爬梯，放置于可靠位置并绑扎牢固，拆除联轴器护罩旁的自消防系统及联轴器护罩。拆除完成后用 1t 捯链和 1t 吊带捆绑在联轴器中间，吊点挂在联轴器上方机舱罩吊点位置，起吊过程中保持联轴器平衡；拆除联轴器连接螺栓，顶出联轴器固定销体并拍照标记，将螺栓及销体放置于收纳盒中，放置于可靠位置。联轴器拆除后放置于机舱内踏板上固定牢固。

2）安装盘车倒运悬臂吊：

拆除滑环旁悬臂吊立柱踏板，安装悬臂吊底部立柱（底座上红色标记朝向机舱头部），按照技术文件要求安装紧固件并紧固。依次安装中间立柱及顶部立柱，立柱安装完成后进行悬臂安装。

3）盘车齿轮箱安装：

将盘车齿轮箱由机舱顶部天窗吊入机舱，使用捯链将盘车齿轮箱与悬臂吊连

接，通过悬臂吊及捯链调整盘车齿轮箱姿态，使其与高速刹车盘贴合。

按照技术文件要求使用多组紧固件，将盘车齿轮箱与高速刹车盘连接，使用销轴连接伸缩臂与底座。使用两个销轴装配伸缩臂，装配至指定位置，将装配好的底座安装至机舱底部，将连杆安装至盘车上，随后组装反力臂工装与盘车齿轮箱。

4）液压站安装：

液压站从机舱顶部天窗吊入机舱，将液压站放置到原先机舱爬梯位置，使用收紧带绑扎牢靠，连接盘车和液压油管，连接完成检查机舱外滑环线及内附件固定状态，安装完成后测试液压站及盘车齿轮箱工作状态，无异常后安装缆风绳及机舱吊具准备机舱吊装。

5）将机舱吊具固定在机舱吊点进行吊装，用抹布、拖把等将机舱内外表面的灰尘、油污等擦洗清理干净。

（3）机舱吊装

1）吊装前在机舱头部系挂一根缆风绳，缆风绳从主轴螺栓安装孔传入机舱，绑在轴承座、齿轮箱或机舱前部吊点上，缆风绳与主轴螺栓安装孔接触部位垫胶皮防护，防止磨损缆风绳。

2）拆除发电机尾部下方排碳孔盖板，拆除 4 组紧固件，在排碳孔附近的横梁上系两根缆风绳，缆风绳从机舱尾部排碳孔穿出。为保证缆风绳在吊装过程中不被磨损，其与机舱罩之间需要垫橡胶。

3）吊装过程中，注意使用缆风绳，控制机舱的转动，通过控制缆风绳，使得机舱法兰与塔筒法兰对齐，根据风轮安装的吊装位置确定机舱朝向，通过缆风绳调整机舱朝向，塔筒与机舱对接面间距 100～500mm，同时拆除塔筒缆风绳。

（4）机舱安装

1）顶段塔筒上法兰面用专用清洗剂清洁顶段塔筒上法兰面，清除锈迹毛刺。

2）主机提升到超过顶段塔筒上的法兰后，按照塔上安装人员的指挥缓慢移动吊机，待机舱在塔筒的正上方时，缓缓下放机舱，使机舱法兰与塔筒法兰对齐并接触，然后在 4 个方向上装入 4 根螺栓定位。

3）拆除定位棒，手动装入剩余的安装螺栓，此时主吊吊钩还应承受 50%的载荷重量。

4）按图 5－47 中顺序使用冲击扳手预紧螺栓，然后将立即打至 70%最终力矩。采用十字对称冲击的方式预紧所有螺栓，即先冲击径向两根螺栓（①②），随

图 5－47　螺栓紧固顺序示意图

后冲击与该径向垂直的径向两根螺栓（③④）。压完机舱后，充分拉紧缆风绳，机舱尾部的两根缆风绳拉向机舱尾部方向，主轴前端的缆风绳方向与机舱垂直。螺栓用拉伸器施加预紧力必须采用十字交叉对称拉伸，避免法兰间隙。每次螺栓紧固做标识，并在24h内进行高强度螺栓力矩复检及验收。

（5）吊具摘除

对接后主吊吊钩还应承受50%的载荷重量，使用电动冲击扳手十字对称冲击方式预紧所有螺栓，然后将力矩打至70%最终力矩，可摘除机舱吊具，24h内打到最终力矩。

5.6.6 轮毂吊装

1）在轮毂上指定位置安装2根缆风绳，主吊将轮毂上升到指定位置，保证主轴与轮毂对接面间距100~500mm时，拆除机舱前端缆风绳。

2）在轮毂对接机舱前，通过盘车将主轴上安装孔与轮毂上对应的双头螺栓对齐，对接前确保机舱、顶端塔筒所有连接螺栓均达到最终力矩的50%，且保证主轴定位销处于最下方，保证主轴定位销与轮毂定位销孔对齐。首先在机舱侧安装上半部分垫片和螺母，使用扳手预紧螺栓，确保轮毂和主轴接触面完全贴合。

3）根据技术文件要求使用转角法将主轴螺栓力矩打紧至指定位置后方可摘钩，紧固过程分两遍。

4）通过盘车旋转风轮，将所有未拉伸的螺柱（轮毂-主轴）拉伸至最终拉伸力的70%，再次通过盘车旋转风轮，将所有紧固螺柱（轮毂-主轴）拉伸至最终拉伸力的100%。

5.6.7 叶片安装

（1）安装前准备及检查

1）检查叶片外观，观察是否有损伤。若有损伤，作好记录并及时通知主机厂家进行处理。

2）必要时，使用清水、拖把或按照叶片厂要求对叶片表面进行清洁。

3）检查确认叶片法兰，安装正确且牢固。

4）检查叶片法兰与轮毂变桨轴承接触面是否有损伤，确保无油污、无异物。

5）检查所有叶片双头螺柱露出法兰面长度L符合规范。

（2）单叶片吊装前要求

叶片起吊时，10min平均风速禁止大于8m/s。

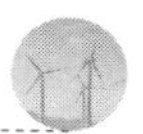

每次吊装前，项目现场吊装人员测试吊具各个动作是否正常，存在隐患禁止吊装作业。

现场吊装人员在使用吊具前，必须严格按照检查清单进行吊具的检查与测试。

（3）单叶片吊装前准备

1）将单叶片吊具的支腿安装到指定的吊点位置，并安装扁平吊带，如图 5－48 所示。

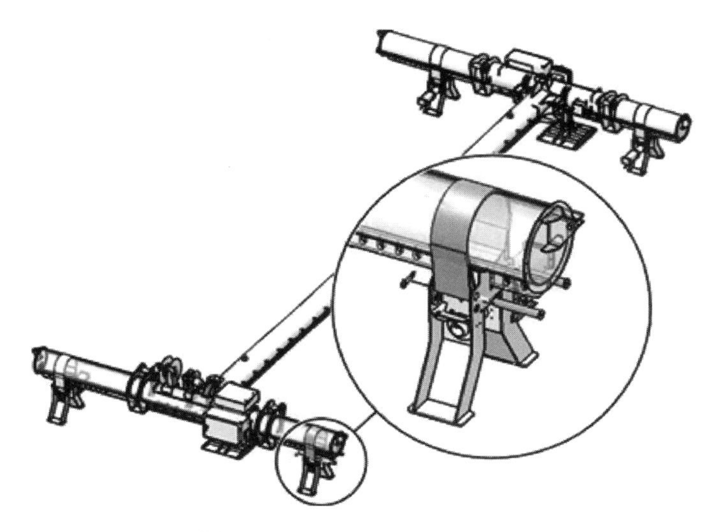

图 5－48　安装扁平吊带示意图

2）安装单叶片吊具上方吊带及卸扣，如图 5－49 所示。

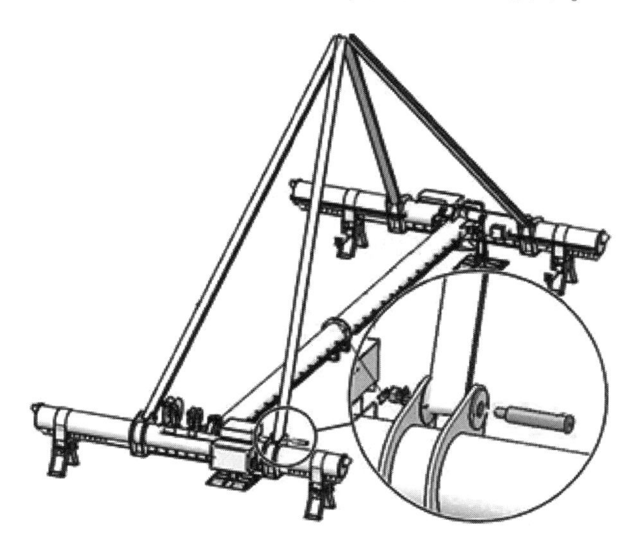

图 5－49　安装吊具上方吊带及卸扣示意图

3）将单叶片吊具主电源线与吊具操作箱连接，如图 5－50 所示。

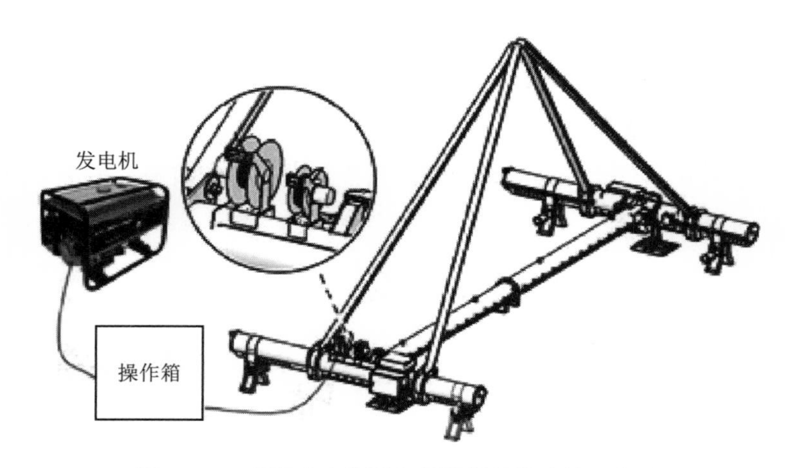

图 5－50　吊具主电源线与吊具操作箱连接示意图

4）安装单叶片吊具前，拆除叶尖处运输支架上方压板，并用辅助吊车在叶尖吊点位置用吊带将叶尖略微抬起，如图 5－51 所示。

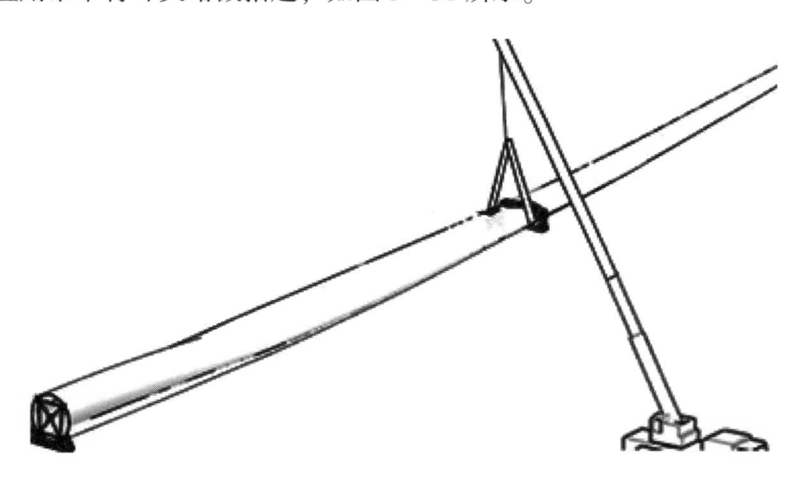

图 5－51　安装单叶片吊具示意图

5）将单叶片吊具吊运至叶片重心位置上方，准备安装单叶片吊具，如图 5－52 所示。缓慢降低吊具以免与叶片发生碰撞。

6）安装缆风绳，缆风绳须绑扎牢固，避免吊装过程松脱。

（4）单叶片吊装（共三支）

1）单叶片吊装开始前，需打开油泵，盘车使轮毂转动三整圈，齿轮箱充分润滑，盘车方向为正对机舱头部顺时针方向，要求叶片对接前，轮毂-主轴力矩达到 100%。

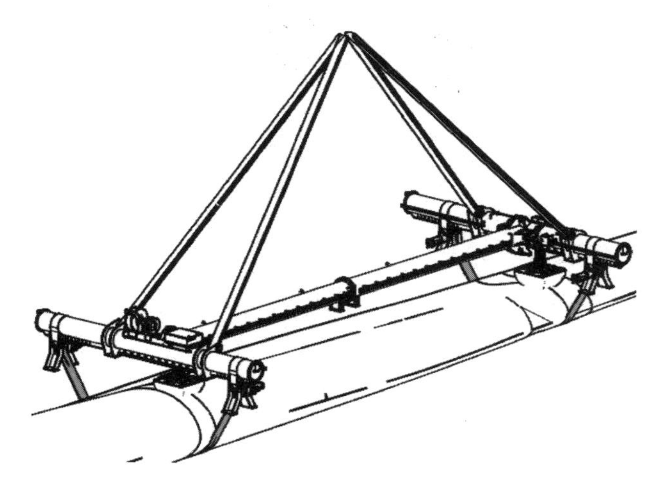

图5-52　安装单叶片吊具示意图

2）从机舱天窗放下两根140m尼龙绳。尼龙绳的一端须在机舱内有效绑扎，避免松脱。

3）将尼龙绳的另一端和单叶片吊具的电源插头连接在一起，主电源插头连接一根尼龙绳，应急电源插头连接另一根尼龙绳。起吊前确保电缆卷盘的线缆缠绕方向与拉出方向一致，无松弛、卡死、打结情况。

4）盘车，使轮毂一个变桨轴承面垂直于地面。

5）将叶片缓缓吊起直到离开地面，并拆除叶片运输支架。叶片起吊过程中，使用缆风绳控制叶片在空中的位置；叶片起吊过程中，机舱作业人员需要在机舱尾部回收尼龙绳，始终保持尼龙绳具有一个合理的长度在空中，不与其他物体发生缠绕。

6）叶片到达轮毂对接位置，如图5-53所示。

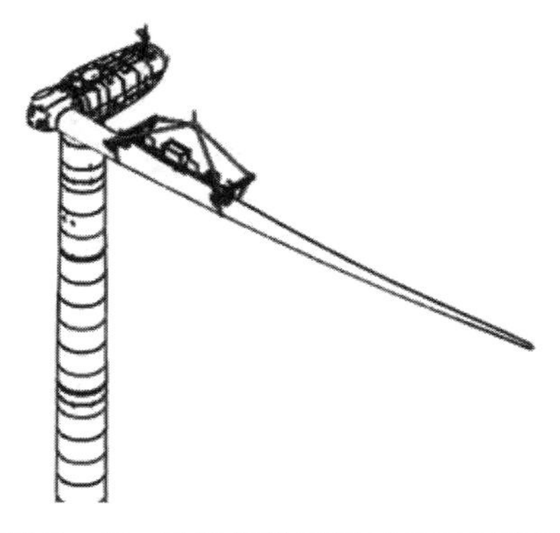

图5-53　叶片与轮毂相对位置示意图

7）对接叶片和轮毂，通过变桨使得两组定位销与定位销孔对齐。

8）安装螺母、垫片，紧固叶片螺柱，使用中空扳手将螺栓施加技术文件要求力矩值。

9）吊具摘钩前确认叶片已经达到要求力矩，吊具下降过程中，从机舱天窗缓缓释放尼龙绳。

10）盘车，使轮毂转动 120°。确保第二支叶片轮毂接口位置处于垂直状态，便于后续单支叶片的安装，以此完成所有叶片的吊装、安装工作，如图 5－54 所示。

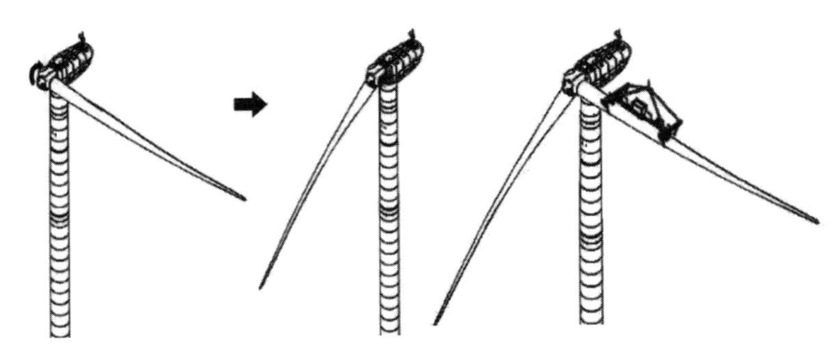

图 5－54　第二支叶片安装示意图

11）第三支叶片安装示意图，如图 5－55 所示。

三支叶片吊装完成后，24h 内将所有叶片螺柱拉伸至 100% 拉伸值，然后将三个叶片分别变桨至抗涡激状态并松开液压刹车及机械锁，保证叶轮处于自由旋转状态。

12）特别注意：

起吊叶片前确认风速小于 8m/s；叶片吊点位置必须严格按照前文中叶片厂允许的吊点位置进行起吊作业；调整风绳位于叶片上的固定点，必须处于叶片允许的吊装位置；风轮吊装过程中，缆风绳操作人员需集中精力，听从指挥指令；对于叶片施加的拉力最大不应大于 4t；机舱与叶轮对接后保证叶轮锁锁紧时轮毂人孔位置对正；叶轮-机舱安装螺柱需全润滑，全部穿入后分三次十字对角把紧；叶轮组装完毕后续立即完成叶片螺栓拉伸；叶轮对接过程中以及出机舱工作时，安装人员必须正确挂系安全绳；禁止下风向避风，禁止雷电天气作业，禁止雷电天气在塔筒内避雨，禁止扔抛工具和垃圾杂物，必须穿戴齐全劳保用品及安全带；叶轮-机舱螺柱分三次采用十字对角方式把紧，有些需盘车才能打的螺栓做标记，打开刹车盘车打完剩下螺栓；打完力矩后，每次螺栓紧固做标识，并在 24h 内组织业主方、监理

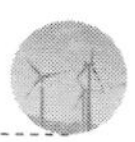

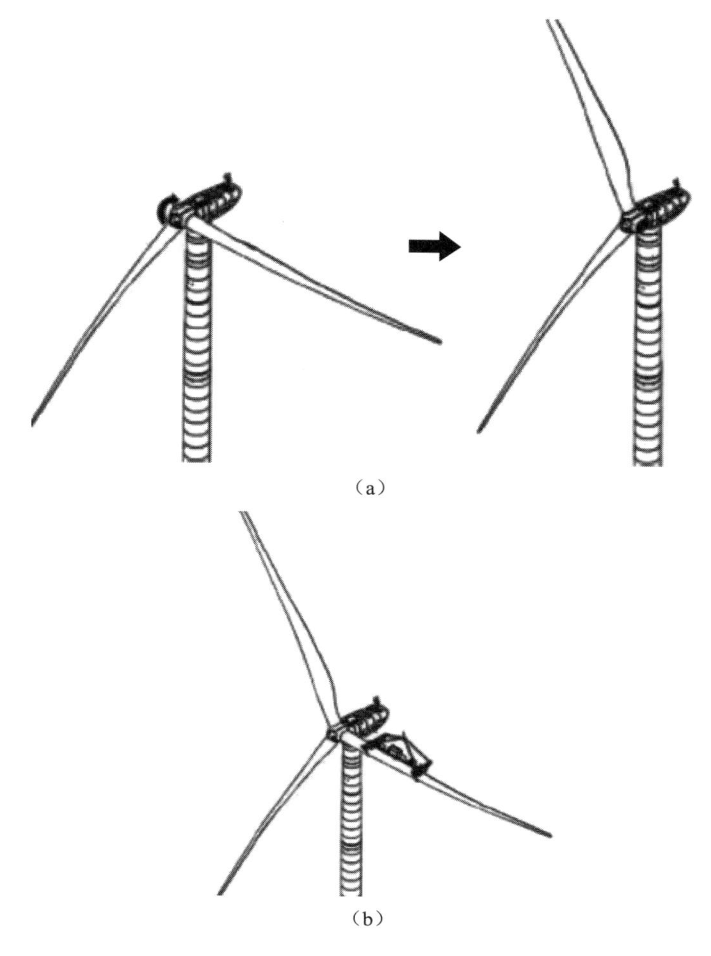

（a）

（b）

图 5－55　第三支叶片安装示意图

（a）调整轮毂位置；（b）第三支叶片安装

方、厂家、安装公司共同对螺栓紧固情况进行 100% 检查。

13）特殊情况处理办法：

单支叶片过夜：当吊装一支叶片后无法继续吊装时，则将该叶片变至顺桨 90°位置并盘车至最下方，分离盘车与刹车盘，释放高速轴刹车，使叶片处于自然状态，对未安装叶片的变桨轴承面需使用防雨布等进行有效防水处理。

两支叶片过夜：如果当天吊装了两支叶片，第三支叶片无法吊装，则将两支叶片变至顺桨位置并盘车至“︿”形，分离盘车与刹车盘，释放高速轴刹车，使叶片处于自然状态，对未安装叶片的变桨轴承面需使用防雨布等进行有效防水处理。

未吊装完成叶片过夜恢复吊装前，需打开油泵，按正对机舱头部顺时针方向盘车 3 整圈，充分润滑齿轮箱，如图 5－56 所示。

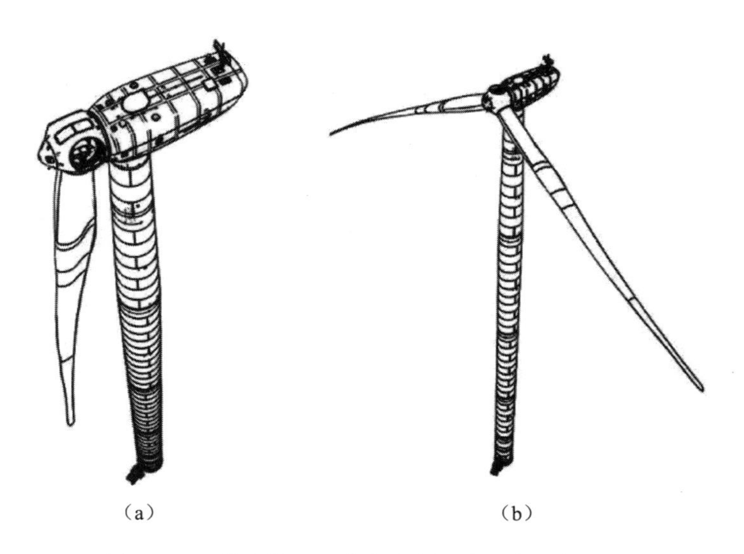

（a）　　（b）

图 5-56　单叶片、双叶片过夜摆放位置示意图

（a）单叶片过夜摆放位置；（b）双叶片过夜摆放位置

5.7　安全技术要求

5.7.1　一般规定

1）风电机组混凝土塔架在设计时遵照了安全、可靠、高效的原则，在风电机组混凝土塔架的安装、维护和运行时应该遵照各施工方案和相关技术手册，防止出现质量、结构及人身安全问题。

2）现场负责安全的专职管理人员有义务和责任要求现场所有人员按照安全规程工作。现场所有在风力发电机组中进行作业的人员都必须遵守《风力发电机组 安全手册》GB/T 35204—2017 以及《风力发电场安全规程》DL/T 796—2012。

3）在混凝土塔架安装过程前、中、后期，应定期对各种起重设备、安全设施进行检查和维护。在检查维护过程中发现问题应立即报告现场施工负责人，并及时进行处理。

4）各作业人员在进入风电机组工作前，在风机周围必须放置警示标识，防止有人在不知情情况下对设备进行启停等误操作，造成人员伤亡。

5）施工作业人员必须登记在册，进入现场前必须有体检报告、人员保险等。

6）作业场地内布置须统筹安排、合理布局、场地平整密实，防止倾倒、移位等危险情况的发生。

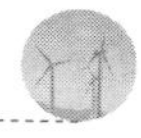

7）作业前，对道路、机位进行勘察，绘制平面布置图并制定具体的安全技术措施，包括起重机械、运输车辆、设备区、材料区、工具区、施工围栏等。

8）建设单位或总承包单位专职安全员对关键工序进行安全监督，监理单位对作业进行旁站监督。

5.7.2 人员安全要求

（1）现场作业时的安全责任要求

1）项目经理或项目负责人应对项目现场工作执行安全交底工作，落实工作责任人；完成同一工作至少指派两名工作人员；应保持现场通信工具正常工作。机组上处于不同工作面的作业人员按照一定时间间隔与工作负责人或其指定的联系人联系，通话间隔不宜超过15min。

2）现场工作负责人应正确安全地组织工作，负责检查工作票所列安全措施是否完备，是否符合现场作业实际条件，必要时应及时补充。

3）现场工作负责人应在工作前对工作班成员进行危险点告知，交代安全措施和技术措施，并确认每一个工作班成员都已知晓。

4）现场工作负责人应督促、监护工作班成员遵守安全规范，正确使用个体防护装备和执行现场安全措施。

5）现场工作负责人应确认工作班组成员精神状态是否良好，是否可以完成项目工作。

6）现场工作人员应严格执行工作票所列安全措施与现场安全规定。

7）工作人员应认真遵守相关安全规范，严禁违章操作、违章指挥等。

（2）现场工作人员的资质与能力要求

1）机组现场工作人员应经过健康体检；对存在可能造成职业病的岗位作业人员应按照现行国家标准《职业健康监护技术规范》GBZ 188的要求进行职业健康检查，主要涉及的作业有：高处作业、电工作业，高原作业、高温等。

2）机组现场人员应没有现行国家标准《职业健康监护技术规范》GBZ 188中所述职业病、职业健康损害和职业禁忌症，有职业病、禁忌症的人员不应从事相关作业。

3）机组现场工作人员应具备必要的机械、电气、安装知识，应接受厂家关于机组的知识培训，熟悉机组的工作原理和基本结构，掌握判断一般故障的产生原因及处理方法，掌握监控系统的使用方法。

4）机组现场工作人员应掌握坠落悬挂安全带、自锁器、安全绳、安全帽、防护服和工作鞋等个人防护设备及器具的正确使用方法，应具备高处作业、高空逃生及高空救援相关知识和技能，应区别高空悬挂作业与高处作业设备设施安装检修维护作业的区别，特种作业应取得与作业内容相匹配的特种作业操作证。

5）机组现场工作人员应熟悉工作潜在的危险、危险的后果及预防措施，通过急救、消防基础安全培训，具备触电、烧伤、烫伤、外伤、气体中毒、机组火灾、动物危害、极端天气等应急情况的处置技能，学会正确使用消防器材、安全工器具和检修工器具。

6）机组现场工作人员进入现场前应经过区域负责单位的安全教育和培训，考试合格方可开展工作，临时用工人员还应被告知其作业现场和工作岗位存在的危险因素、防范措施及事故紧急处理措施后，方可参加指定的工作。

7）指挥人员和操作人员持证上岗，起重作业按操作规程作业，信号传递畅通。

8）施工人员必须按照规定统一穿工作服，正确穿戴经报验合格的安全帽、安全带、防滑鞋等安全防护装备，并穿戴规范，切割、打磨作业时应佩戴护目镜、耳塞等。

9）参加施工作业的特种作业人员须持有效证件，并具有相应从业能力。

（3）现场工作人员个体防护装备

1）安装现场应具备的个体防护装备应包括：坠落悬挂安全带、坠落悬挂安全绳、自锁器、限位工作绳、安全帽、头灯、工作服、防滑手套、符合作业环境的工作鞋、对讲机。可根据施工现场实际需要选择：防冲击眼镜、防紫外线和强光的防护眼镜、防噪声耳塞或耳罩、防冻伤的防护用品（如棉手套、护腰、发热贴）、护膝、防烟尘面罩。

2）安全工器具和个人安全防护装置应按照现行国家标准《电力安全工作规程 电力线路部分》GB 26859 规定的周期进行检测和测试，坠落悬挂安全带测试应按照现行国家标准《坠落防护 安全带系统性能测试方法》GB/T 6096 的规定执行；现场作业人员应正确使用个体防护装备并对防护装备进行检查与保管，及时发现破碎、部件不完整、连接不牢固的安全防护用品用具。

5.7.3 施工现场安全要求

（1）作业现场基本安全要求

1）前往现场的人员进入现场前应进行安全风险分析并落实预防措施，身体不适、情绪不稳定，不应进入现场作业。

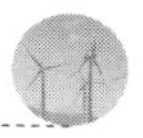

2）现场工作人员正确佩戴好安全防护用品，禁止使用破损或未经检验合格的安全工器具和个人防护用品。

3）现场人员进入或离开机位现场应告知现场负责人。工作区内禁止无关人员滞留；外来人员经过现场安全培训，还应在现场工作人员陪同下方可进入工作现场。

4）现场作业人员在工作时间与工作区域严禁嬉戏、打闹、饮酒、抽烟、使用违禁毒品或药品等不安全行为，在非现场区域饮酒后严禁再进入现场工作；并遵守机位现场所有标识规定与指示。

5）雷雨天气不应进行安装、检修、维护工作，塔架爬梯有冰雪覆盖时，应确定无高处落物风险并将覆盖的冰雪清除后方可攀爬。

6）严禁在机位现场焚烧任何废物或其他材料，现场任何废弃物应放置在适当的垃圾箱或所提供的容器内，并进行统一收集和处理。

（2）进入现场车辆要求

1）现场车辆速度应遵循现场风场道路条件要求，速度不宜超过 30km/h。

2）驾驶人应考虑风力对车门的影响，车头与主风向呈 90°，乘车人宜从背风向下车，驾驶人离开车辆前应立即落实静止制动。

3）现场车辆应停靠在相对平坦处，距离斜坡应大于 2m；在不满足安全停靠条件下应采取相应措施，如在车轮下加垫防滑块等防止车辆自滑。

（3）拼装作业

1）在拼装中，如遇五级以上大风、大雪、大雾、雷雨天气禁止拼装作业。

2）起重机操作人员应经过专业培训，熟悉起重机械安全操作规程，熟练掌握所操作的起重机械；履带式起重机安拆期间司机室内任何操作必须由本车司机或有资质的司机操作。

3）拼装作业前，应组织专业人员对参与作业的施工机械、机具、吊索具、拼装作业场地进行全面检查，并对检查结论签字确认，满足施工条件后才能进行拼装作业。

4）覆带式起重机起重臂扳起或趴杆过程中，回转机构应处于锁止状态。

5）履带式起重机安装/拆卸作业时，必须由专职安全管理人员（应持有特种设备管理部门颁发的特种作业证）。

6）进行有针对性的安全技术交底内容，按照三级交底程序逐级交到作业人员，交底记录签字齐全。

7）环氧树脂粘结剂为易燃物品，存放应选择阴凉干燥处且施工现场禁止出现明火。

（4）张拉作业

1）基础内穿束、张拉时必须设置风机以保证通风顺畅，并配有足够的照明。

2）张拉所使用的千斤顶、油压表等工器具必有具有相关资质的第三方检测合格报告，并按照检测报告内容配套使用，由专业人员进行操作。

3）预应力施工中，如遇五级以上大风、大雪、大雾、雷雨天气禁止作业。

4）夜间作业要有充足照明。

5）由专业工程师组织编写预应力施工方案。并负责对现场方案实时地监控，确保施工安全进行。

6）油泵及千斤顶操作人员应经过专业培训，熟悉相关安全操作规程，熟练掌握所操作的工器具。

7）张拉施工作业前，应组织专业人员对参与作业的施工机械、工器具、基础内通风状态等进行全面检查，并对检查结论签字确认，满足施工条件后方能进行作业。

（5）吊装作业

1）吊装前须编制吊装方案，经建设单位、监理单位等批准后，进行安全和技术交底后方可进行吊装。

2）起重作业机械及工器具经有关部门检验合格，性能良好、安全，功能正常、满足要求。

3）吊装和起重机械组立、拆装、转场等作业制定专项方案并报监理单位审批。

4）禁以运行的设备、管道以及脚手架、平台等作为起吊重物的承力点；必须使用构筑物或设备的构件作为起吊重物的承力点时，需经过核算。

5）恶劣气候或因照明不足，禁止起重作业；当风力达到6级及以上时，严禁吊装作业。

6）吊装作业专人指挥，吊车作业半径内严禁有人靠近。构件起吊时，构件上严禁站人或放零散未装容器的构件；禁止人员在吊物之下，吊车臂杆底下严禁站人。

7）特种作业人员、特种设备作业人员必须持有效证件上岗，作业时必须安全员旁站，指挥信号必须畅通，通话清晰。

8）工装固定未解除，未使用专用吊具，未按设计或设备厂家要求选择起重吊点，绑扎、吊挂不牢或不平衡，可能引起被吊物重心失稳或滑动，被吊物上有人或

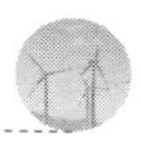

浮置物，容器内装的物品过满不吊。

9）禁止违反调转方案要求进行作业。吊装全过程中需对钢丝绳、吊带、吊具等吊装工具进行观察，保证满足起吊条件，出现严重摸索或出现断股、安全装置不灵或不能正常使用、吊车未支稳、未铺垫路基板、回填区未划定警戒线、作业区未进行隔离时禁止起吊。

10）作业时遇到任何人发出危险信号必须立刻停止，隐患未排除不吊。

11）起吊时，堆场区及起吊区的信号指挥与吊车司机的联络通信应使用标准、规范的普通话，防止因语言误解产生误判而发生意外。起吊与下降的全过程应始终由当班信号统一指挥，严禁他人干扰。

12）构件起吊至安装位置上空时，操作人员和信号指挥应严密监控部品下降过程，构件距离作业面1m左右时，采用缆风绳牵引。

13）构件起吊时，构件上严禁站人或放零散未装容器的构件；禁止人员在吊物之下，吊车臂杆底下严禁站人。如有人员在塔架上方工作时，必须保证此期间无人在塔架周围，避免坠物伤人。

14）使用手持电钻进行坐浆工作时，应仔细检查电钻线头和插座是否破损。配电箱应有防触电保护装置，操作人员须戴绝缘手套。电焊工、氩气乙炔气割人员操作时应开具“一级动火证”并有专人监护。

15）严禁操作人员在塔架上部行走或者作业。

16）塔架校准落位前，严禁操作人员将手、胳膊等身体部分放置于塔架下方。

17）高空作业，不准向下或向上乱抛材料和工具等物件。

18）禁止两人在同一段塔架内同时攀爬爬梯。

19）随身携带工具人员应后上塔、先下塔。

20）攀爬至工作位置后，应先挂好安全带，后解开自锁器。

（6）吊装天气要求

1）恶劣天气时严禁作业人员靠近或进入正在安装的塔架。

2）雷雨天气禁止进行安装工作，工作人员不得在现场滞留；发生雷雨天气1h内，禁止靠近塔架。

3）10min内平均风速大于15m/s时严禁向上攀爬，风速超过18m/s时，不应在塔架内进行作业。

4）大雪、暴雨、大雾及6级以上大风（>10.84m/s），不得安排吊装作业。

5）严禁夜间进行吊装作业。

（7）施工机具设备安全控制

1）吊装所用机具的机械性能应能满足吊装要求，且其中起重机械的使用应满足特种设备使用管理规定。

2）定期对履带式起重机、钢丝绳、吊带进行检查，杜绝“带病”工作。

3）群吊工作时，做好履带式起重机或汽车式起重机的交叉作业。

4）履带式起重机或汽车式起重机必须严格执行“十不吊”的规定。

5）履带式起重机或汽车式起重机在作业时，大臂下方严禁站人。

6）设置履带式起重机或汽车式起重机的专用作业区域，作业区域放置定型化围挡。

7）构件吊装应选用同规格、同长度的钢丝绳或吊带。

8）现场应根据构件重量，选用规格合理的钢丝绳或吊带。

9）混凝土车输送管移动时，泵车操作员与扶持人员密切配合，控制混凝土倾落高度，防止混凝土飞溅伤人。

10）钢筋弯曲机、调直机、切断机严格按照操作规程执行。

11）吊装重物时不允许长时间吊重于空中停留，司机和地面指挥人员不得离开。

12）龙门式起重机断电时，要将主电路开关切断，将所有控制器手柄转至零位，并将锁轨器上锁。

（8）现场临时用电安全要求

1）现场施工用电严格按照《建筑与市政工程施工现场临时用电安全技术标准》JGJ/T 46—2024 的有关规定及要求进行布置架设。采用三级配电系统，TN－S 接零保护系统，二级漏电保护系统，输配电使用“三相五线制”。

2）安装、巡检、维修或拆除临时用电设备和线路，必须由电工完成，并应有人监护。注意用电安全，经常进行检查，杜绝漏电，并派专人操作和维修，非机电修理人员不得随意拆卸设备。

3）电气设备现场周围不得存放易燃易爆物品；外部应能避免物体打击和机械损失，否则应做防护处置。

4）每台电气设备必须采取接零或接地保护。凡是移动式设备和手持电动工具均在配电箱内装设漏电保护装置。变压器、照明器具、手持式电动工具、起重设备的底座和轨道等外露可导电部分应做接零保护。

5）氧气及乙炔必须分开，达到安全距离要求，电气焊作业人员持证上岗，焊机拆装由电工完成。

6）用电设备实行一机一闸一漏一箱一开关；保证漏电保护器与设备匹配，定

期检查。

7）检修、搬迁电气设备时切断电源，悬挂“有人工作，禁止合闸”警示牌，并派专人看守。

5.7.4　其他施工安全管理措施

1）交叉作业安时，严禁两人在同侧上下重叠作业，确需在同一垂直面上作业时，应交叉作业，并设置可靠的安全防护措施，确保下部作业人员处于上部坠落半径之外。

2）施工过程中，项目部相关人员应加强动态的过程安全管理，及时发现和纠正安全违章和安全隐患。督促、检查施工现场安全生产，保证安全生产投入的有效实施及时消除生产安全事故隐患。

3）配合的地面工作人员，必须服从工作负责人的指挥，听清楚口令并确认无误后方可进行操作。每一个现场工作人员都必须保证让别人清楚自己的位置，统一穿戴警示反光背心。

4）施工现场必须设置围栏和警示牌，在吊装场地周围设立警戒线，非作业人员不应入内。在吊绳被拉紧时，不应用手接触起吊部位，禁止人员和车辆在起重作业半径内停留。当作业人员需要在吊物下方作业时，应采取防止吊物突然落下的措施；吊装作业过程需要高处作业时，应优先采用防护措施。

5）在任何情况下应首先采用机械方法进行物体的搬运和起吊，除非在别无选择的情况下，才允许采用人工操作；人工搬运的物体必须是力所能及的，并应穿安全鞋戴手套，提升低于臀部高度的物体，应弯曲膝盖而不应该弯腰，双脚分开与肩膀等宽，搬运过程中应避免扭曲身体。

5.7.5　事故处理

1）事故发生时首先保护好受伤者。如有需要应及时与附近120急救中心联系，并报警，报警时应明确事故发生地点、事故伤亡情况，并保持报警人员始终与急救中心联系畅通。

2）如果移动受害者会加重病情，应让受害者保持在原地，做好冷却和通风工作。如果受害者停止正常呼吸，应采取紧急抢救措施并进行人工呼吸抢救。

5.7.6　安全红线

1）严禁无进场教育、无体检和保险进行作业施工。

2）项目未经安全风险辨识、无应急预案，严禁开工。

3）严禁无方案、无交底进行施工。

4）严禁违反程序擅自压缩工期、改变技术方案。

5）严禁在安全生产条件不具备、重大隐患未排除、安全措施不到位的情况下组织生产。

6）严禁超能力、超强度、超定员组织生产。

7）严禁无资质的人员从事特种作业。

8）严禁使用未经检验合格的特种设备。

9）严禁违章指挥、强令冒险作业。

10）严禁迟报、漏报、谎报、瞒报生产安全事故。

第6章 结论

本书结合已建、在建风电项目混凝土塔架工程的施工经验，通过对混塔厂、主机厂调研以及对环氧树脂胶性能试验结论的分析和研究，组织召开树脂胶研讨会、预应力系统研讨会等，对风电项目混凝土塔架从制造、运输及安装过程中的质量控制要点进行逐一分析，并列举了各阶段主要质量控制要点及施工方法。混凝土塔架工程质量控制点主要有：设计的合理性、制造过程中原材料、模板、钢筋加工、混凝土生产及浇筑的质量控制、运输的道路设计、运输车辆、专用工装及安装过程中的拼装、吊装、树脂胶或坐浆料施工质量控制、预应力工程的控制等，但是其他方面对混凝土塔架工程的质量同样重要不可忽视。

希望本书对今后国内风电项目混凝土塔架工程的施工质量和未来发展有所帮助，通过实践进行的反复印证，推动风电项目混凝土塔架技术在风电领域的应用和普及，促进新能源行业的快速发展。

参 考 文 献

[1] 中华人民共和国国家能源局．风电机组混凝土-钢混合塔筒施工规范：NB/T 10908—2021［S］．北京：中国水利水电出版社，2022.

[2] 中华人民共和国国家能源局．风电机组混凝土-钢混合塔筒设计规范：NB/T 10907—2021［S］．北京：中国水利水电出版社，2022.

[3] 中国电力企业联合会．风力发电机组预应力现浇式混凝土塔筒技术规范：T/CEC 5007—2018［S］．北京：中国电力出版社，2018.

[4] 中国电力企业联合会．风力发电机组预应力装配式混凝土塔筒技术规范：T/CEC 5008—2018［S］．北京：中国电力出版社，2018.

[5] 中华人民共和国住房和城乡建设部．混凝土质量控制标准：GB 50164—2011［S］．北京：中国建筑工业出版社，2011.

[6] 中华人民共和国住房和城乡建设部．混凝土结构工程施工质量验收规范：GB 50204—2015［S］．北京：中国建筑工业出版社，2014.

[7] 中华人民共和国住房和城乡建设部．混凝土结构工程施工规范：GB 50666—2011［S］．北京：中国建筑工业出版社，2011.

[8] 中华人民共和国住房和城乡建设部．钢筋机械连接技术规程：JGJ 107—2016［S］．北京：中国建筑工业出版社，2016.

[9] 中华人民共和国住房和城乡建设部．钢筋焊接及验收规程：JGJ 18—2012［S］．北京：中国建筑工业出版社，2012.

[10] 中华人民共和国住房和城乡建设部．普通混凝土拌合物性能试验方法标准：GB/T 50080—2016［S］．北京：中国建筑工业出版社，2016.

[11] 中华人民共和国国家能源局．混凝土用水标准：JGJ 63—2006［S］．北京：中国建筑工业出版社，2006.

[12] 中华人民共和国国家能源局．风电场工程材料试验检测技术规范：NB/T 10628—2021［S］．北京：中国水利水电出版社，2021.

[13] 中华人民共和国住房和城乡建设部．混凝土强度检验评定标准：GB/T 50107—2010［S］．北京：中国建筑工业出版社，2010.

[14] 中华人民共和国住房和城乡建设部．普通混凝土拌合物性能试验方法标准：GB/T 50080—2016［S］．北京：中国建筑工业出版社，2016.

[15] 中华人民共和国住房和城乡建设部．普通混凝土长期性能和耐久性能试验方法标准：GB/T 50082—2009［S］．北京：中国建筑工业出版社，2009.

[16] 中华人民共和国住房和城乡建设部．混凝土结构耐久性设计标准：GB/T 50476—2019［S］．北京：中国建筑工业出版社，2019.

[17] 中华人民共和国住房和城乡建设部．普通混凝土配合比设计规程：JGJ 55—2011［S］．

北京：中国建筑工业出版社，2011.
[18] 中华人民共和国住房和城乡建设部．建设用砂：GB/T 14684—2022 [S]．北京：中国标准出版社，2022.
[19] 中华人民共和国住房和城乡建设部．预应力混凝土用钢绞线：GB/T 5224—2023 [S]．北京：中国标准出版社，2023.
[20] 中华人民共和国住房和城乡建设部．预应力筋用锚具、夹具和连接器：GB/T 14370—2015 [S]．北京：中国标准出版社，2016.
[21] 中华人民共和国住房和城乡建设部．预应力筋用锚具、夹具和连接器应用技术规程：JGJ 85—2010 [S]．北京：中国建筑工业出版社，2010.
[22] 中华人民共和国住房和城乡建设部．无粘结预应力筋用防腐润滑脂：JG/T 430—2014 [S]．北京：中国标准出版社，2014.
[23] 中华人民共和国住房和城乡建设部．无粘结预应力钢绞线：JG/T 161—2016 [S]．北京：中国标准出版社，2017.
[24] 中华人民共和国住房和城乡建设部．体外预应力索技术条件：GB/T 30827—2014 [S]．北京：中国标准出版社，2015.
[25] 中华人民共和国住房和城乡建设部．无粘结预应力混凝土结构技术规程：JGJ 92—2016 [S]．北京：中国建筑工业出版社，2016.
[26] 中华人民共和国住房和城乡建设部．钢筋机械连接用套筒：JG/T 163—2013 [S]．北京：中国标准出版社，2013.
[27] 中华人民共和国国家能源局．风电场工程材料试验检测技术规范：NB/T 10628—2021 [S]．北京：中国水利水电出版社，2013.
[28] 中华人民共和国住房和城乡建设部．混凝土结构设计标准：GB/T 50010—2010 [S]．北京：中国建筑工业出版社，2011.
[29] 中华人民共和国住房和城乡建设部．混凝土强度检验评定标准：GB/T 50107—2010 [S]．北京：中国建筑工业出版社，2010.
[30] 中华人民共和国住房和城乡建设部．高耸结构工程施工质量验收规范：GB 51203—2016 [S]．北京：中国计划出版社，2017.
[31] 中华人民共和国住房和城乡建设部．钢结构工程施工质量验收标准：GB 50205—2020 [S]．北京：中国计划出版社，2020.
[32] 中华人民共和国住房和城乡建设部．用于水泥和混凝土中的粉煤灰：GB/T 1596—2017 [S]．北京：中国标准出版社，2017.
[33] 中华人民共和国住房和城乡建设部．工程结构加固材料安全性鉴定技术规范：GB 50728—2011 [S]．北京：中国建筑工业出版社，2012.
[34] 王丹，徐军，贺广陵．风电机组混凝土-钢混合塔筒技术现状与发展趋势 [J]．土木与环境工程学报（中英文），2023，103：1-18.
[35] 许斌，李泽宇，陈洪兵．预应力混凝土-钢组合风电塔架塔段优化研究 [J]．湖南大学学报，2016（7）.
[36] 陈逸杰，张艳江，林成欢．风电预应力混凝土-钢混合塔架设计优化研究 [J]．太阳能学报，2021（3）.

[37] 施跃文，高辉，陈钟．特大型风力发电机组技术现状与发展趋势［J］．神华科技，2009.7(2)：34－38.

[38] 周瑞权．风电机组钢-混凝土混合塔筒结构设计［J］．风能，2022 (1)：62－67.

[39] 严科飞，万家军，任伟华，等．大型风电机组塔架材料的现状和发展［J］．风能，2013(3)：102－105.

[40] 李杨，兰涌森，李强，等．风力机塔架结构振动控制研究及方法综述［J］．船舶工程，2020，42：248－253.